Mohammad Jahangir Alam

Construção de edifícios não projectados resistentes a sismos

Mohammad Jahangir Alam

Construção de edifícios não projectados resistentes a sismos

Redução do risco sísmico Vulnerabilidade física e atenuação estrutural

Imprint

Any brand names and product names mentioned in this book are subject to trademark, brand or patent protection and are trademarks or registered trademarks of their respective holders. The use of brand names, product names, common names, trade names, product descriptions etc. even without a particular marking in this work is in no way to be construed to mean that such names may be regarded as unrestricted in respect of trademark and brand protection legislation and could thus be used by anyone.

Cover image: www.ingimage.com

This book is a translation from the original published under ISBN 978-3-330-32944-7.

Publisher:
Sciencia Scripts
is a trademark of
Dodo Books Indian Ocean Ltd. and OmniScriptum S.R.L publishing group

120 High Road, East Finchley, London, N2 9ED, United Kingdom
Str. Armeneasca 28/1, office 1, Chisinau MD-2012, Republic of Moldova, Europe
Printed at: see last page
ISBN: 978-620-8-15149-2

Sismicidade no Bangladesh
O colapso da Casa da Lama

Danos na alvenaria da casa
Edifício não técnico
Prof. Dr. Engenheiro Md Jahangir Alam

PREDICÇÃO

As casas rurais discutidas neste livro são as que foram construídas espontânea e informalmente por pedreiros locais nas zonas rurais do Bangladesh, de forma tradicional, sem a intervenção de arquitectos e engenheiros civis no processo de planeamento e projeto. Há provas do colapso de tais casas em terramotos moderados a graves em todo o mundo que não foram projectados. O **relatório da UNESCO de 2013** sublinha este facto:

a. Uma mudança revolucionária na construção de habitações rurais não é possível nem sensata.
b. A utilização de materiais locais será mantida, com a utilização de cimento e aço a ser minimizada, exceto se for absolutamente necessário.
c. Recomendam-se alterações muito simples aos sistemas de habitação tradicionais que possam ser facilmente compreendidas e adoptadas pelos artesãos locais.

Tendo em conta as recomendações acima referidas, é crucial conhecer o estado físico real das casas rurais e identificar as suas deficiências estruturais e o risco em caso de terramoto. Para obter uma imagem real do parque habitacional rural existente, foram realizados levantamentos físicos das casas não projectadas existentes em duas upazilas do Bangladesh. Em comparação com outras orientações e práticas internacionais, foram identificadas as deficiências estruturais sísmicas de diferentes tipos de casas rurais em termos de planeamento, conceção, materiais de construção e tecnologia. Foram desenvolvidos métodos de adaptação sísmica de casas existentes para as tornar resistentes a sismos e foram formuladas tecnologias de construção resistentes a sismos para novas casas, em conformidade com outras diretrizes internacionais.

A maioria das vítimas mortais dos sismos no Nepal e na Índia deveu-se ao desmoronamento de casas construídas com materiais tradicionais, como tijolos queimados, lama e telhas de barro, madeira e betão armado, que não foram originalmente concebidas para serem resistentes aos sismos. Como essas casas ainda são utilizadas na maior parte do mundo, é necessário introduzir métodos de construção resistentes aos sismos nas zonas rurais (em conformidade com a UNESCO-2013).

RESUMO

O Bangladesh é extremamente vulnerável aos sismos. Embora o país tenha desenvolvido regulamentos nacionais/cidades sofisticados para o planeamento e a construção de edifícios resistentes a sismos, a sua aplicação a nível local é mais a exceção do que a regra. As pessoas constroem as suas casas com materiais locais e com técnicas de construção locais sem qualquer filosofia de engenharia. Portanto, há uma necessidade urgente de conhecer as condições físicas reais das casas rurais e avaliar o risco associado a elas.

Foram realizados levantamentos físicos das condições existentes de edifícios não projectados nas áreas de estudo na zona rural do Bangladesh. Com base nesta informação, foram identificadas deficiências no sistema estrutural das casas rurais no que diz respeito às técnicas de construção de casas não projectadas e resistentes a sismos. Estão a ser desenvolvidos métodos para reforçar as casas existentes de modo a torná-las resistentes aos sismos e estão a ser formuladas técnicas de construção resistentes aos sismos para novos edifícios.

Deve-se notar que o colapso de edifícios rurais não construídos de acordo com o código pode ser significativamente retardado num terramoto se forem adicionados detalhes simples, baratos, mas bem concebidos para ligar as paredes ao nível do telhado. A conceção sísmica destes pormenores e as técnicas de construção desenvolvidas neste livro podem fornecer à população rural um guia para a construção de casas resistentes a sismos de baixo custo e também indicar o caminho da construção não estrutural para a construção estrutural nas zonas rurais do Bangladesh.

AGRADECIMENTOS

A informação básica apresentada neste livro faz parte das teses de licenciatura dos seguintes estudantes do Departamento de Engenharia Civil da Universidade de Engenharia e Tecnologia de Chittagong (CUET), que realizaram a sua investigação sob a supervisão do autor.

1. Engenheira Rebekah Ahsan
2. Engenheiro Firoza Akhter
3. Engr. Ashraful Alam

As suas contribuições são sinceramente reconhecidas. Grande parte da informação mencionada neste livro provém dos contributos originais de muitos escritores, autores, editores e investigadores de todo o mundo, cujos contributos são também sinceramente reconhecidos.

O autor gostaria de agradecer ao Departamento de Engenharia Civil e ao Instituto de Investigação em Engenharia Sísmica (IEER) CUET e a outras organizações pelo seu apoio na produção deste livro.

O autor continua a dever à sua mulher **Lipi**, à sua filha **Satila** e ao seu filho **Siam** o seu apoio incondicional e a sua compreensão ao longo deste livro.

Este livro é dedicado a todas as pessoas que perderam a vida no *colapso de um edifício de cinco andares não construído* em Hamzarbagh, Chittagong, durante o **terramoto de 1997** no Bangladesh.

Índice

1   Primeiro capítulo

1.1 Introdução

O objetivo deste capítulo é apresentar os factores que contribuem para o elevado risco sísmico das casas sem engenharia no Bangladesh. Para uma compreensão abrangente do problema, é necessário considerar o **risco sísmico**, o **cenário de construção** e a **vulnerabilidade das** casas aos sismos.

Os sismos são um perigo natural que está intimamente relacionado com a tectónica de placas. O Bangladesh situa-se numa zona tectonicamente ativa, perto das fronteiras das placas principais, a placa indo-australiana e a placa euro-asiática, como mostra a *Figura 1.1*. Os limites das placas situam-se a norte e a leste do Bangladesh. A colisão da placa indiana, que se move para nordeste, com a placa euro-asiática é a causa de frequentes sismos na região, que inclui o nordeste da Índia, o Nepal, o Butão, o Bangladesh e Myanmar. Os danos causados aos edifícios pelos sismos dependem de muitos parâmetros, tais como a magnitude e a intensidade do sismo, a duração da agitação e a frequência do movimento do solo, as condições geológicas e do solo, o tipo de sistema de construção utilizado, a qualidade da construção, etc.

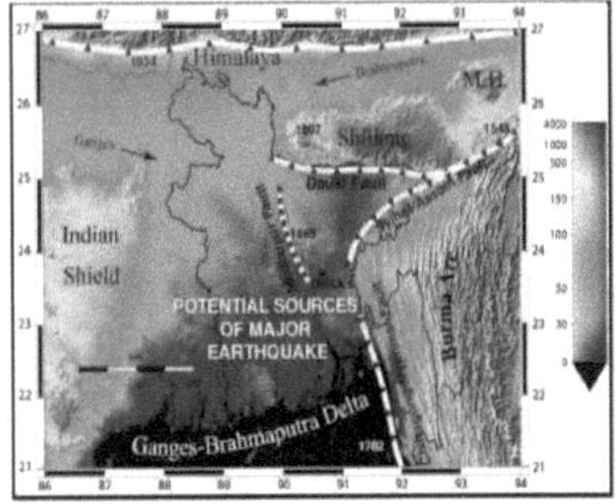
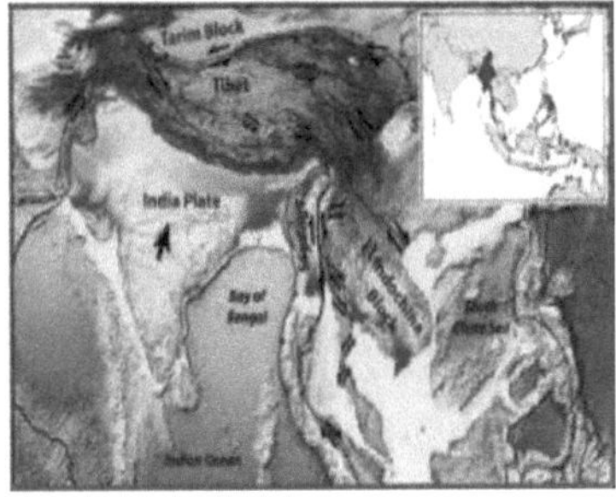

Figura 1.1 Placas tectónicas durante os sismos no Bangladesh e arredores

No passado, **o Bangladesh** foi atingido por fortes terramotos (com uma magnitude superior a 7,0) entre 1869 e 1930. Um dos terramotos mais fortes do mundo, o **Grande Terramoto Indiano de** 12 de junho de 1897 em Shillong, Assam, teve o seu epicentro a cerca de 230 km de Daca; a sua magnitude foi recentemente reavaliada em 8,1. Os epicentros de dois destes terramotos ocorreram no Bangladesh. **O terramoto de Bengala de** 14 de julho de 1885, com uma magnitude de M=7,0, teve origem perto de Bogra, no Bangladesh. Terramoto de 8 de julho de 1918

O terramoto de Srimongal ocorreu na região de Sylhet no Bangladesh e teve uma magnitude de M=7,6. Além disso, alguns registos históricos indicam um forte terramoto de magnitude M>7,0 perto de Chittagong em 1762. **A Tabela 1.1** apresenta uma visão geral destes fortes terramotos.

Quadro: 1.1 Lista dos principais sismos regionais no Bangladesh

FDate	Terramoto	Epicentro	Ordem de grandeza	Efeitos
2 de abril de 1762.	-	Perto de Chittagong	>7.0	Alterações do relevo na costa e liquefação.

10 de janeiro. 1869	Kachar	Kachar, Assam	7.5	Danos em casas em Sylhet.
14 Jul. 1885	bengali	Bogra	7.0	Grave destruição de casas em Sirajganj e Sherpur (Bogra)
12 Jun. 1897	Grande Índio	Shillong, Assam	8.1	Danos graves nas linhas de caminho de ferro e nos edifícios em Rangpur. Fissuras no solo e aberturas em Mymensingh, Jamalpur e Sylhet. Danos em casas de pedra em todo o Bangladesh, incluindo Daca.
8 Jul. 1918	Srimongal	Srimongal Sylhet	7.6	Desmoronamento e destruição grave de edifícios em Srimongala, danos em habitações em Habiganj e Moulovibazar.
2 de julho de 1930.	Dhubri	Garo Hills	7.1	Danos nas vias férreas em Lalmonirhat. Danos em edifícios em Lalmonirhat e Rangpur.

De acordo com a última avaliação do risco de terramotos efectuada pelo **Programa Global de Gestão de Catástrofes (CDMP)** do Bangladesh, foram identificados cinco pontos críticos de terramotos no Bangladesh e nos seus arredores, tal como indicado no **Quadro 1.2** e na **Figura 1.2.**

Quadro 1.2 Fontes de terramotos no Bangladesh e arredores

Fonte	Estimativa da magnitude máxima	Último acontecimento importante
Fossa de Madhupur	7.5	1885
A falha de Dawki	8.0	1897
Quebra do bordo da laje 1	8.5	1762
Placa 2 Falha de fronteira	8.0	[th]Antes do século XVI
Quebra do bordo da laje 1	8.5	[th]Antes do século XVI

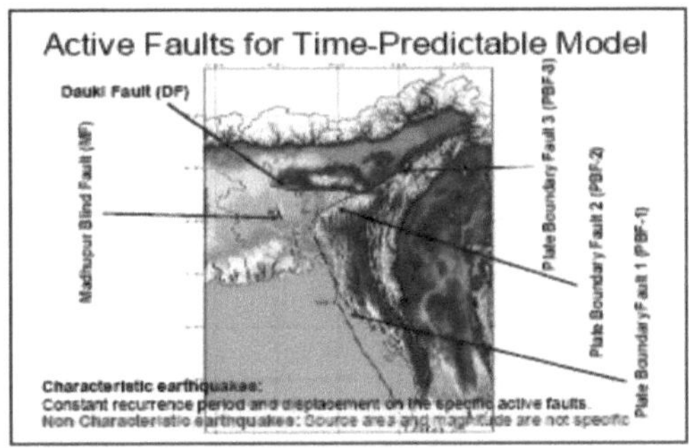

Fig. 1.2 **Fontes de terramotos no Bangladesh e arredores (Fonte: CDMP)**

Nos últimos anos, vários sismos de magnitude 4 a 6 ocorridos no Bangladesh ou perto da fronteira causaram alarme. Por exemplo, em 21 de novembro de 1997, um sismo de magnitude 6,0 na **fronteira entre o Bangladesh e Myanmar** causou o colapso de um edifício de betão armado de cinco andares em construção, matando várias pessoas na cidade portuária de Chittagong. Em 22 de julho de 1999, um terramoto de magnitude 5,1 com epicentro perto da ilha de **Moheshkhali, perto de Cox's Bazar**, causou danos consideráveis e o desmoronamento de **casas** rurais **de tijolo de lama** e danos em estruturas de aço. Em dezembro de 2001, um terramoto de magnitude 4,0 com epicentro perto da **cidade de Daca** causou pânico e ferimentos nos reclusos da cadeia central de Daca. O **terramoto de Rangamati de** 27 de julho de 2003, com uma magnitude de 5,6, ocorreu em

Na aldeia de Kolabunia**, as casas sem tijolos** e **com tijolos de barro** foram gravemente danificadas.

Os edifícios não projectados em áreas urbanas e rurais são frequentemente afectados por sismos e requerem uma atenção especial. De acordo com **Arya** (1994)**, "os edifícios sem engenharia são definidos como aqueles construídos espontânea e informalmente de uma forma tradicional em vários países com pouca ou nenhuma intervenção de arquitectos e engenheiros qualificados".** A experiência de muitos sismos anteriores mostrou que estes edifícios apresentam um comportamento deficiente durante um sismo.

A Figura 1.3 mostra os cenários de falha de tipos comuns de casas rurais no terramoto de magnitude 5,7 em Rangamati, Bangladesh (2003) (Fonte: EERC). Dado que estes edifícios continuam a ser utilizados tanto em zonas rurais como urbanas, é necessário incorporar caraterísticas sismo-resistentes no seu projeto (IAEE, 2004).

1.2 Construção não técnica no Bangladesh

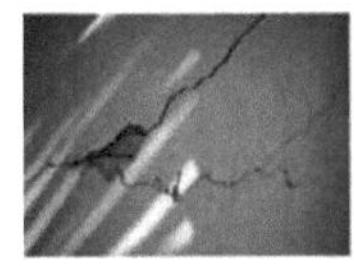

| Mud House | Masonry House | Masonry House | RC House |

Figura 1.3 **Danos em casas não construídas em áreas rurais durante o terramoto de 2003**

No Bangladesh, a maioria da população vive em zonas rurais. A maioria não tem boas condições económicas. Devido a problemas financeiros, a maioria das famílias constrói as suas casas utilizando materiais e técnicas locais baratos. Devido à má qualidade dos materiais de construção e a técnicas de construção inadequadas, as casas não são suficientemente fortes para resistir às catástrofes naturais. O padrão de construção e distribuição das casas no Bangladesh evoluiu de acordo com as necessidades dos habitantes sob controlo geográfico e mudou com a evolução das necessidades humanas em diferentes fases do desenvolvimento socioeconómico e cultural. As casas nas zonas rurais são geralmente construídas com materiais de construção locais, tais como bambu, colmo, erva, varas de juta, folhas, lama e chapas de ferro ondulado. Os tijolos também são utilizados como material de construção nas zonas rurais há cerca de quarenta anos. A utilização de tijolos de ferro ondulado nas casas rurais pode ser vista como uma influência urbana, uma vez que se trata de um material de construção duradouro e prestigioso para as habitações. O ferro ondulado, o bambu, a palha, os postes de juta ou o barro são normalmente utilizados para a construção de vedações. O ferro ondulado e o colmo são os materiais de cobertura mais utilizados nas zonas rurais. Os telhados de telha de barro também se encontram em algumas zonas áridas do norte. Na maioria das zonas rurais do Bangladesh, as fundações dos edifícios são feitas de terra batida (Islam, 2003).

1.3 Tipos de casas não construídas no Bangladesh

As caraterísticas das casas podem ser reconhecidas pelos seus telhados e paredes. Estas estão sujeitas a alterações consoante a localização, o clima, a disponibilidade de materiais e a tecnologia. As formas das casas são aqui avaliadas sob duas perspectivas.

1. Materiais para coberturas 2. Materiais para revestimento.

1. Material de cobertura

Em geral, o bambu, a palha e o ferro corrugado são materiais de cobertura comuns em todo o Bangladesh (Baqee, 1994). Entre estes materiais de cobertura, o bambu e o colmo são os mais utilizados. A utilização de chapas de ferro ondulado está a aumentar rapidamente devido ao seu preço acessível e à sua durabilidade em condições de clima quente e húmido e de chuva intensa. Os tijolos de barro são utilizados em zonas de clima seco (Islam, 2003). Os painéis de betão armado são utilizados para construções RC.

2. Material para vedações

As casas nas zonas rurais do Bangladesh podem ser classificadas em diferentes tipos com base nos materiais da envolvente (Sultana, 1993). Estes incluem:

i. Uma casa com paredes de bambu

Nas planícies aluviais, especialmente em Rangpur, na região do delta de Moribunda das bacias de Jessore e Haora, nas planícies aluviais do Ganges, Jamuna, Brhamaputra, Meghna, Tista e em algumas zonas das regiões oriental e setentrional (Sultana, 1993), as paredes são geralmente feitas de bambu e os compartimentos têm uma forma retangular, como mostra a *figura 1.4*. Por vezes, também se utiliza madeira para fazer os postes e o pavimento horizontal superior da divisão. Este piso horizontal é utilizado para guardar objectos. Também serve de amortecedor de calor nas estações quentes e frias. Por vezes, as vedações de bambu são rebocadas com barro para as proteger da chuva e por razões estéticas. Paredes de bambu com cobertura de ferro ondulado

Fig-1.4: **Various types of bamboo walled houses.**

Fig-1.5: **Various types of mud houses**

são comuns nas zonas rurais e nos arredores de Dhaka, Pabna, Narayanganga e Chandpur (Sultana, 1993), mas também podem ser encontrados em todas as planícies aluviais (Islam, 2003).

ii. Uma casa com paredes de barro

As zonas rurais de Dinajpur, Pabna, Kustia, Bogra, Chapi-Nawabgonj, Jessore e partes de Khulna e Chittagong são caracterizadas por casas com paredes de barro, como mostra a *Figura 1.5*. Por vezes, as paredes são construídas com tijolos de barro secos ao sol, com um a dois pés de espessura. Estas casas de barro têm geralmente uma forma alongada e são cobertas com telhados feitos de telhas de barro, colmo ou ferro corrugado. A utilização destes materiais de construção depende da sua disponibilidade e das competências dos proprietários. Nestas regiões específicas, os terrenos encontram-se geralmente acima do nível das cheias. Além disso, a pluviosidade relativamente baixa, o clima seco e o solo laterítico (que se torna muito duro quando seca) são as principais razões para a construção de casas de barro. Encontram-se casas relativamente altas (15 pés) com paredes de barro no sudoeste dos distritos de Darshan e Poradakh (Sultana, 1993). As casas com dois ou três pisos são comuns no distrito de Chittagong (Islam, 2003).

iii. Casas de madeira

Populações relativamente pequenas em Cox's Bazar, Teknaf e Moheskhali utilizam formas de casas com paredes de madeira. As casas são geralmente construídas sobre uma plataforma de madeira elevada para proteção contra cobras e outros animais. As partes inferiores das casas são utilizadas para vários fins, por exemplo, para 223

Armazenamento, manutenção de animais domésticos, vários assuntos familiares, etc. Outra razão para a construção em madeira é a disponibilidade de madeira nas zonas florestais. Alguns destes edifícios são também concebidos com várias curvas de madeira por razões estéticas. Devido a estas caraterísticas especiais, as casas representam a identidade especial destas regiões (Islam, 2003).

iv. Uma casa feita de madeira e tijolos

No leste do distrito de Sylhet, são comuns as casas de madeira e de tijolo. O chão, os rodapés e as partes inferiores das paredes são feitos de tijolos, enquanto o resto das paredes é feito de palha de bambu coberta de ambos os lados com cimento ou argila. São utilizados toros de madeira para os postes e ferro ondulado ou colmo para o telhado (Islam, 2003).

v. Casa de ferro ondulado (CI) em chapa metálica

As tábuas de C.I. não eram utilizadas como material de construção indígena nesta região. Mais tarde, tornou-se um dos materiais de construção mais importantes na tradição local devido à sua durabilidade. Na parte norte de Sylhet, é muito comum construir casas (paredes e telhados) com chapas de ferro ondulado, como mostra a *figura 1.6*. A forte pluviosidade que se regista nesta região é uma das principais razões para a utilização do ferro ondulado. As chapas onduladas oferecem proteção contra a chuva e a humidade. Outra razão para a escolha do ferro ondulado é a influência dos edifícios dos jardins de chá construídos durante o período colonial britânico. Outra razão para a escolha de materiais de construção relativamente caros é a prosperidade económica da população da região (Islam, 2003).

Fig. 1.6: **Diferentes tipos de casas feitas de madeira e chapas de CI**

vi. Uma casa com paredes de colmo

Na **bacia do Haor** e nas **zonas de Chalanbil**, as casas têm paredes de colmo onde o colmo, a erva longa, os postes de juta e a palha estão disponíveis e são baratos. Estas

Para além dos paus de juta, são também utilizados outros materiais para a construção de telhados. As principais razões para a escolha destes materiais são os custos mais baixos e a possibilidade de os desmontar em caso de catástrofes naturais, como inundações (Islam, 2003).

vii. Casas de pedra

No Bangladesh, as casas de alvenaria podem ser encontradas em quase todas as zonas rurais. Este tipo de edifício é construído com tijolos cozidos sobre argamassa de cimento (ver *Figura 1.7)*. As fundações adequadas são as fundações de tijolo pouco profundas. A ocorrência de tensões de tração e de corte nas paredes é a principal causa dos vários tipos de danos a que estas casas estão expostas durante os sismos.

Fig. 1.7: Diferentes tipos de casas de pedra nas zonas rurais

viii. Edifício de um centro comercial

Com a disseminação da construção em betão armado nas zonas urbanas e rurais do Bangladesh, os edifícios são frequentemente construídos com pilares e vigas de betão armado sem um projeto de engenharia adequado baseado na experiência dos pedreiros locais e dos pequenos empreiteiros. Na maioria dos casos, os pormenores de ligação são inadequados, as vigas são simplesmente apoiadas nos pilares e são utilizados pilares isolados com varandas longas, o que resulta em desvantagens em termos de segurança sísmica, como mostra a *Figura 1.8.*

Fig. 1.8 **Tipos de edifícios de betão armado**

1.4 Desafios socioeconómicos da engenharia sísmica no Bangladesh

A maior parte das pessoas nas zonas rurais considera o terramoto como uma catástrofe natural, *o que* implica que se *trata de um ato de Deus* que deve ser aceite sem questionamento. Estas pessoas não se apercebem de que (i) um sismo é um fenómeno natural ao qual se pode sobreviver se forem tomadas as medidas necessárias; (ii) as suas casas podem ser tornadas à prova de sismos e o custo de o fazer não é muito elevado; (iii) mas o custo do fracasso, que pode incluir as suas próprias vidas ou as dos seus filhos, é incomparavelmente mais elevado.

Há uma série de condicionalismos socioeconómicos que não permitem um elevado nível de segurança sísmica dos edifícios para o público em geral:

i. Falta de preocupação com a segurança sísmica devido aos raros sismos fortes.
ii. Falta de consciência de que os edifícios podem ser tornados anti-sísmicos com poucos custos adicionais e, por conseguinte, falta de motivação.
iii. Falta de recursos financeiros para cobrir os custos adicionais dos requisitos de segurança contra sismos na construção de edifícios.
iv. Outras prioridades normais são os investimentos financeiros na vida quotidiana das pessoas.
v. O elevado custo do cimento, do aço e da madeira nos países em desenvolvimento, tais como
    Bangladesh e
vi. Falta de conhecimentos sobre a conceção sísmica e as técnicas de construção e a natureza não organizada do sector da construção nas zonas rurais.

Por conseguinte, estas considerações tornam necessário continuar a utilizar métodos de construção sismicamente inadequados e arriscados nas zonas rurais. Embora seja teoricamente possível construir edifícios capazes de resistir aos efeitos de um sismo sem danos significativos utilizando os recursos e materiais de construção adequados, na prática isso não é possível devido aos custos muito elevados envolvidos (IAEE, 2004).

1.5 Considerações sobre a segurança sísmica das casas nas zonas rurais

O pré-requisito mais importante para uma coexistência pacífica com um terramoto é a disponibilidade de casas à prova de terramotos. Os danos serão minimizados se tanto as casas existentes como as novas casas a construir puderem, de alguma forma, oferecer a resistência sísmica necessária. No Bangladesh, há um grande número de casas no campo que não foram construídas de acordo com as normas. Estas casas não podem ser simplesmente substituídas ou ignoradas; precisam de ser avaliadas sismicamente e reforçadas. Obviamente, é necessário um grande número de engenheiros qualificados para efetuar o enorme trabalho de avaliação e reforço.

Os objectivos de segurança são alcançados se o edifício for planeado e construído de forma a não sofrer danos mesmo em caso de um provável sismo máximo na região,

i. A casa rural comum não deve ser total ou parcialmente destruída.

ii. Não deve ser danificado de forma tão irreparável que tenha de ser demolido e reconstruído.

iii. Pode ser danificado de tal forma que possa ser reparado rapidamente e o edifício possa retomar o seu funcionamento normal, e

iv. Os danos em edifícios importantes, como o edifício do sindicato, o complexo médico, etc., devem ser reduzidos ao mínimo, de modo a que as operações possam continuar sem entraves após a catástrofe e os edifícios públicos possam ser utilizados como abrigos de emergência para as pessoas afectadas.

O estado atual da investigação mostra que a segurança estrutural acima referida pode felizmente ser alcançada através de pormenores de conceção e construção adequados e requer apenas alguns custos adicionais, que devem estar dentro das possibilidades económicas da população rural.

1.6 Objectivos do presente estudo

O objetivo deste estudo é determinar o cenário real da construção de casas rurais no Bangladesh e avaliar o risco associado tendo em conta a conceção sísmica.

1. Realizar um levantamento físico baseado em cenários de casas não projectadas, com base nos materiais e tecnologias de construção utilizados na área de estudo, para determinar o estado físico das casas rurais construídas no Bangladesh.

2. Determinação dos defeitos de construção das casas rurais existentes, não projectadas, no que diz respeito aos serviços de construção anti-sísmica.

3. Desenvolvimento de métodos para reforçar as casas rurais existentes, a fim de as tornar resistentes aos sismos, em conformidade com o Código Nacional de Construção do Bangladesh (BNBC).

4. Desenvolvimento de uma metodologia para a construção de casas sismo-resistentes em zonas rurais utilizando materiais de construção locais com base em considerações técnicas e possíveis considerações económicas.

Capítulo II
Área de estudo

2.1 Área de estudo: Raozan, Chittagong

Chittagong, uma cidade portuária e capital comercial do Bangladesh, está localizada numa zona propensa a terramotos. A cidade está localizada na zona sísmica 2, ou seja, o PGA de Chittagong é de 0,15 g de acordo com o BNBC-1993, e no BNBC-2015 este valor aumentou para 0,28 g. Chittagong tem sido abalada por vários terramotos nos últimos anos. No entanto, não houve grande destruição na área de estudo de **Raosan** durante os recentes terramotos. O mapa de localização do distrito de Chittagong é mostrado na *Figura 2.1*.

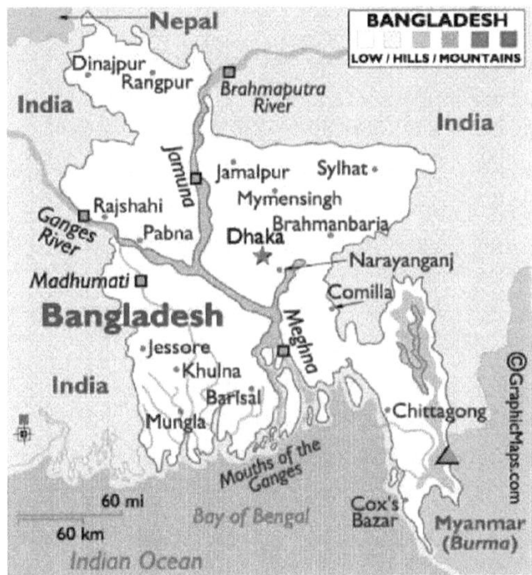

Figura 2.1 **Localização do distrito de Chittagong**

Raozan é um dos maiores thanas (upzilla) de Chittagong e faz fronteira com Fatikchhari thana a norte, Boalkhali thana e o rio Karnaphuli a sul, Ranguniya e Kawkhali a leste e Hathazari e Fatikchhari a oeste. **Raozan** Thana foi criada em 1947. O seu código geográfico é ZL-15 TH-74 e tem 1 município, 15 uniões e 64 muzas. Existem 75 aldeias na upazila. A localização da Upazilla de Raozan é apresentada na *Figura 2.2.*

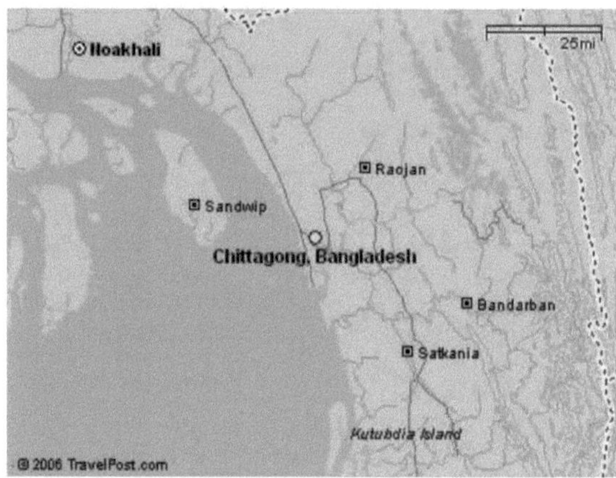

Fig. 2.2: **Localização de Raosan Upazilla no distrito de Chittagong**

Das 15 uniões, **Pahartoli** é uma das uniões conhecidas, composta por quatro musas e uma aldeia em cada musa. Tem um geocódigo de ZL-15 TH-74 UN-69 e os nomes dos muses com aldeias nesta união são dados abaixo e mostrados na *Figura 2.3*.

1. Musa de Devanpur, (Geocódigo ZL-15 TH-74 UN-69 MAU-248) Aldeia de Devanpur, (Geocódigo ZL-15 TH-74 UN-69 MAU-248 VL-01)

2. Haihali Muse, (geocódigo ZL-15TH-74 UN-69 MAU-514) Aldeia de Haihali, (geocódigo ZL-15 TH-74 UN-69 MAU-514 VL-01)

3. Musa de Pahartoli, (Geocódigo ZL-15 TH-74 UN-69 MAU-663)
   Aldeia de Pahartoli, (geocódigo ZL-15 TH-74 UN-69 MAU-663 VL-01)

4. Unshattar Para muse, (Geocódigo ZL-15 TH-74 UN-69 MAU-928) Unshattar Para village, (Geocódigo ZL-15 TH-74 UN-69 MAU-928 VL-01)

Figura 2.3 - **Localização da União de Pahartoli com as aldeias**

Existem 13 escolas, 2 colégios, 1 universidade técnica, 4 mesquitas e pagodes. A população total deste distrito é de 18.354. Geralmente, as pessoas deste distrito preferem construir casas de barro, bambu, pedra e betão armado. 12,71% da população total vive em casas de betão armado, 18,83% em casas de pedra, 36,63% em casas de bambu e 31,83% em casas de barro. O histograma da percentagem da população e dos tipos de casas é apresentado na *Figura 2.4.* O estatuto económico geral da maioria da população desta união é inferior à classe média e média baixa. O mapa do município de Pahartoli é apresentado na *Figura 2.5.*

Figura 2.4: **Dimensão da população e tipos de habitação na União Pahartoli**

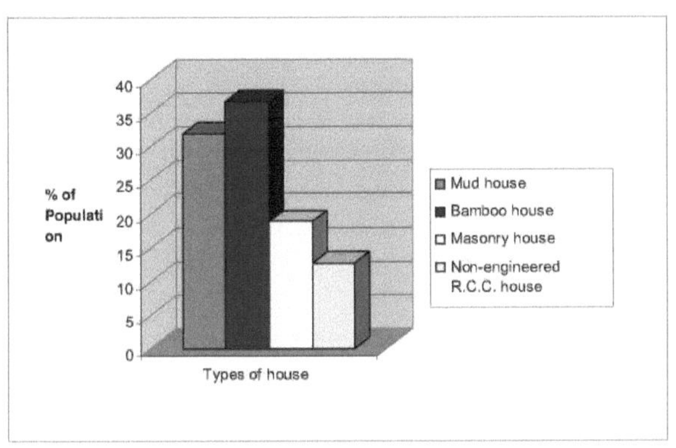

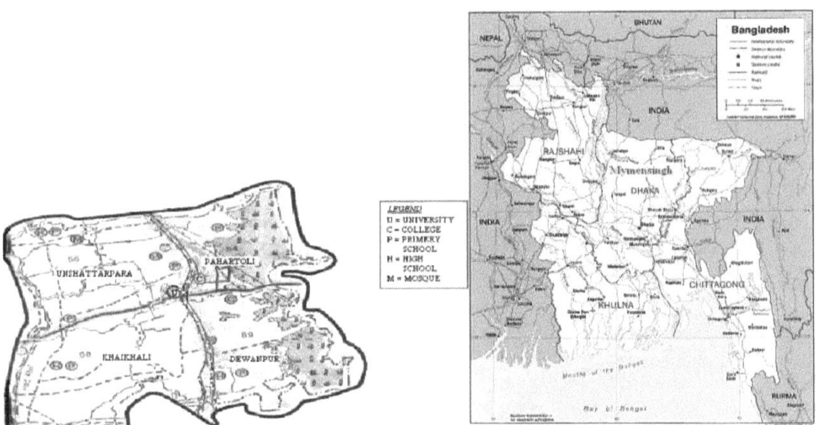

Figura 2.5: **Sítio de Pahartoli Union-Chittagong**

Figura 2,7

2.2 Área de estudo: Muktagacha, Mymensingh

A área de estudo é a aldeia de Gorbazail em Muktagacha Upazila do distrito de Mymensingh. O mapa do Bangladesh que mostra a localização do distrito de **Mymensingh** é apresentado na *Figura 2.6.* O distrito de **Mymensingh** está situado na parte norte do Bangladesh. O distrito de Mymensingh faz fronteira com a Índia a norte, Sherpur, Jamalpur e Taan a oeste, Gazipur a sul e Kesoregonj e Netrakon a leste, como mostra *a Figura 2.7.*

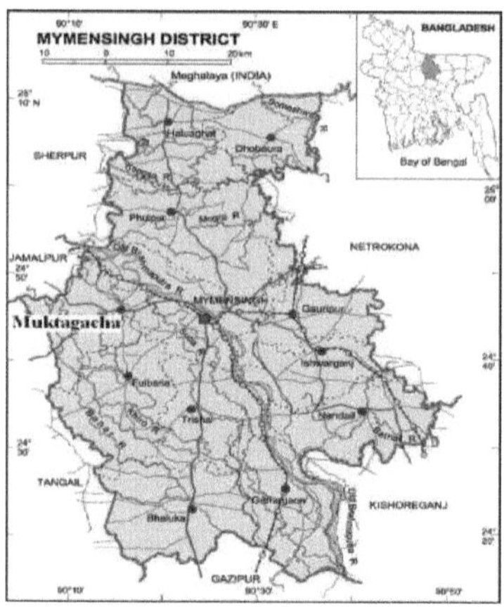

Fig. 2.7: Mapa da cidade de Mymensingh

Muktagachha Upazila faz fronteira com os distritos de Mymensingh Sadar e Jamalpur a norte, Phulbaria Upazila a sul, Mymensingh Sadar e Phulbaria Upazila a leste e Madhupur e Jamalpur Upazila a oeste. A *figura 2.8* apresenta um mapa do distrito de Mymensingh que mostra a localização de **Muktagacha** Upazila.

Fig. 2.8: Planta do local de Muktagacha Upazila com a aldeia de Gorbazail

A aldeia de **Gorbazail** está situada na parte sudeste de Muktagacha. Faz fronteira com Vitibari, Bahir-bazail a norte, Haripur, Krishnobari a oeste, Tikri-bari a sul e Tuligeram e Bashna a leste.

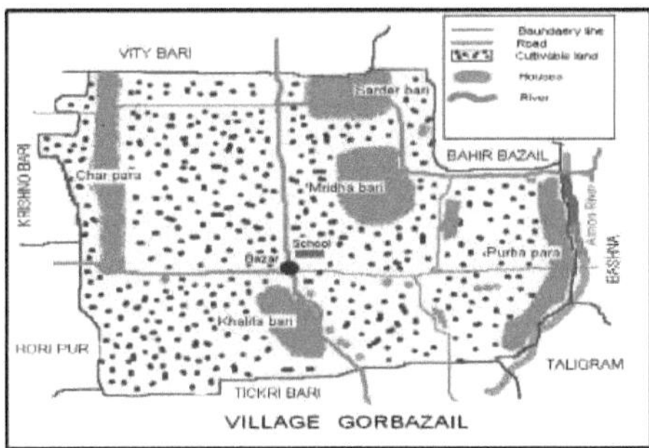

Figura 2.9: Localização dos bairros na aldeia de Gorbazail

A figura 2.9 mostra um mapa da aldeia de Gorbazail com a localização das casas. Toda a aldeia pode ser dividida em cinco zonas principais:

1. char para 2. sarder bari 3. mridha bari 4. khalifa bari 5. purba para

Terceiro capítulo
Esquema de localização e dados demográficos

3.1 Introdução

As mortes causadas por sismos devem-se principalmente ao colapso de edifícios. Estima-se que a proporção de vítimas mortais devido ao colapso de edifícios se situa entre 75 e 90% das vítimas mortais de sismos. Em zonas densamente povoadas, o número total de mortos e feridos é provavelmente muito mais elevado. A maioria das vítimas mortais deve-se ao desabamento de casas de betão armado, pedra e tijolos de barro, mesmo em sismos de baixa intensidade. No **terramoto de 1970 no Peru**, mais de 90% dos edifícios danificados eram casas de adobe, tijolo de barro ou tijolo de argila; o seu colapso causou 40 000 mortes. No **terramoto de 1976** na **Guatemala**, todos os mortos e feridos de uma aldeia com 1 577 habitantes estavam em casas de adobe ou de tijolo de barro. **No terramoto de 1992, na Turquia,** as casas de tijolo, alvenaria e barro foram as mais danificadas. Por conseguinte, é essencial dispor de dados pormenorizados sobre a estrutura das habitações e a população nas zonas de estudo.

3.2 Área de estudo: Roazan, Chittagong, Bangladesh

Com base no levantamento físico efectuado, as casas existentes na área de estudo podem ser classificadas em quatro tipos principais, de acordo com os materiais e técnicas de construção utilizados. Estes incluem os seguintes:

1. Casa de lama
2. Casa de bambu
3. Casa de pedra
4. Construção RC sem engenharia civil.

3.2.1 Aldeia de Devanpur

Devanpur é uma das aldeias do distrito de Pahartoli. A população total é de 1458 habitantes, dos quais 47% vivem em casas de barro, 25,5% em casas de bambu, 16% em casas de pedra e 11% em edifícios não construídos. Os dados do inquérito sobre as casas e a população são apresentados no *Quadro 3.1* e na *Figura 3.1.*

Type of house	No. of house	No. of population	Sample house
Mud house	118	692	
Bamboo house	64	373	
Masonry House	40	233	
Non engineered RC Building	27	160	
Total	249	1458	

Quadro - 3.1: Dados sobre as casas e a população de Devanpur

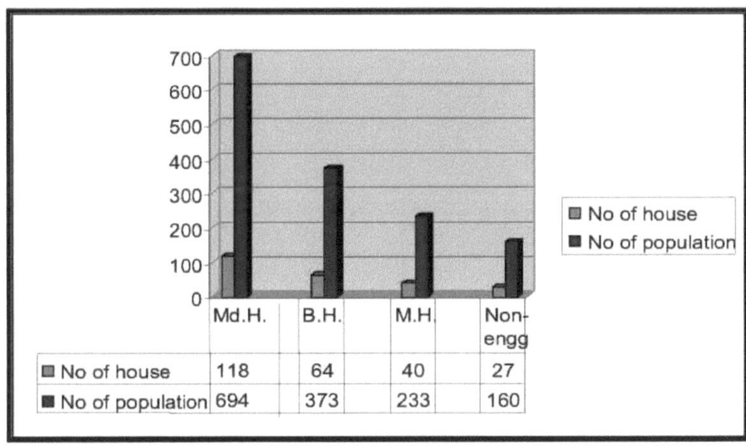

	Md.H.	B.H.	M.H.	Non-engg
No of house	118	64	40	27
No of population	694	373	233	160

Fig. 3.1: **Número de casas e população em comparação com os tipos de casas em Devanpur**

Khaihali é outra aldeia da união de Pahartoli. Tem uma população de 1 171 habitantes, dos quais 10,6% vivem em casas de tijolo de barro, 65% em casas de bambu, 13% em casas de pedra e 11% em R.C.C. Os dados do inquérito sobre as casas e a população são apresentados na *Tabela 3.2* e na *Figura 3.2*.

Type of house	No. of house	No. of population	Sample house
Mud house	71	124	
Bamboo house	153	765	
Masonry House	40	155	
Non engineered RC Building	37	126	
Total	301	1171	

Quadro - 3.2: Dados sobre as casas e a população de Haihali

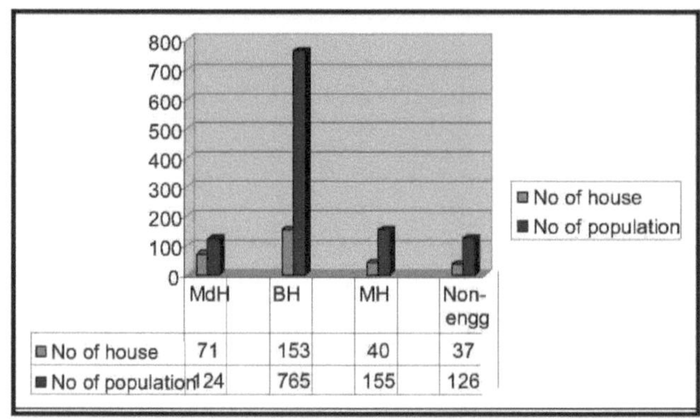

Fig. 3.2: **Número de casas e população por tipo de casa em Haihali.**

Pahartoli é uma das aldeias da União de Pahartoli. Tem uma população de 1.486 habitantes, dos quais 38% vivem em casas de tijolo de barro, 30% em casas de bambu, 18,8% em casas de pedra e 13% em R.C.C. Os dados do inquérito sobre as casas e a população são apresentados na *Tabela 3.3* e na *Figura 3.3*.

Type of house	No. of house	No. of population	Sample house
Mud house	99	565	
Bamboo house	78	450	
Masonry House	49	279	
Non-engineered RC Building	33	192	
Total	259	1486	

Quadro - 3.3: Dados sobre as casas e a população de Pahartoli

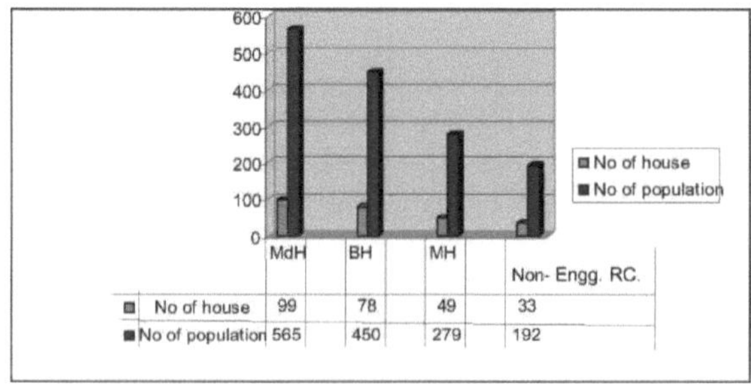

Figura 3.3: **Número de casas e população por tipo de casa em Pahartoli**

Unshattarpara é uma das aldeias da União Pahartoli. Tem uma população de 1162 habitantes, dos quais 45% vivem em casas de tijolo de barro, 39% em casas de bambu, 9,5% em casas de pedra e o resto em R.C.C. Os dados do inquérito sobre as casas e a população são apresentados no *Quadro 3*.4 e na *Figura 3.4*

Type of house	No. of house	No. of population	Sample house
Mud house	82	523	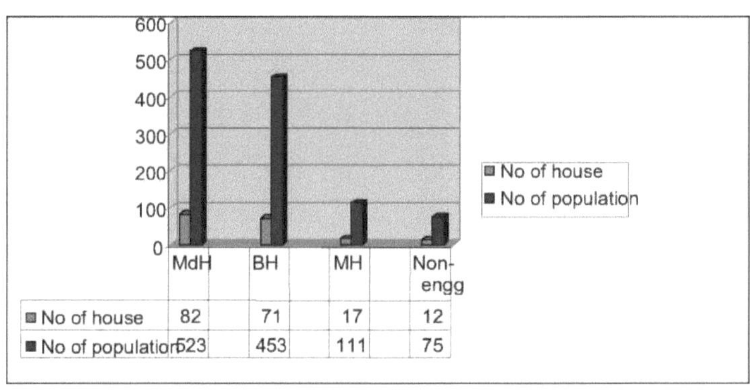
Bamboo house	71	453	
Masonry House	17	111	
Non engineered RC Building	12	75	
Total	182	1162	

Quadro - 3.4: Dados sobre o agregado familiar e a população de Unshattarpara

	MdH	BH	MH	Non-engg
No of house	82	71	17	12
No of population	523	453	111	75

Figura 3.4: **Número de casas e população em comparação com os tipos de casas em Unshattarpara**

O levantamento físico das casas existentes na área de estudo, no distrito de **Chittagong**, mostra que cerca de **13% da** população total vive em edifícios não construídos, cerca de **19% da** população total vive em casas feitas de tijolos queimados, cerca de **37% da** população total vive em casas de bambu e cerca de **32% da** população total vive em casas feitas de lama ou tijolos de lama. **Os dados acima indicam, portanto, que mais de 60% da população vive em casas vulneráveis.**

3.3 Área de estudo: Muktagacha, Mymensig

Com base nos resultados do levantamento físico, os tipos de habitação existentes na zona são categorizados nos seis tipos principais seguintes, com base nos materiais e nas técnicas de construção.

Os padrões de distribuição da população na área de estudo são apresentados de seguida:

1. **Uma casa de palha**
2. **Uma casa feita de barro e chapa metálica**
3. **Uma casa feita de bambu e palha**
4. **Uma casa feita de bambu e chapa metálica**
5. **R.C. Casa de Lata.**
6. **Casa de tijolo feita de chapa metálica**

Existem cinco parampas na aldeia de **Gorbazail** Upazilla Muktagacha. Estas incluem: **Char Para, Sarder Bari, Mridha Bari, Khalifa Bari** e **Purba Para.**

Os dados relativos à habitação e à população das diferentes zonas da aldeia de Gorbazail são apresentados nas secções seguintes.

3.3.1 CharPara

Os dados sobre o tipo de casa e a população de **Chara Para** são apresentados no *Quadro 3.5.* O tipo de amostra da estrutura residencial existente na área de estudo também é apresentado no *Quadro 3.5.*

Type of house	No. of house	No. of population	Sample of house
Mud and straw house	02	09	
Mud and tin house	08	45	
Bamboo and straw house	01	05	
Bamboo and tin house	10	57	
RC post tin house	15	91	
Brick wall tin house	04	25	
Total	40	332	

A partir dos dados acima, é evidente que as pessoas vivem nas casas mais vulneráveis que requerem ação. Em particular, **as casas de tijolo de barro com paredes de tijolo de barro** e as casas com **alvenaria de tijolo queimado** são os tipos de casas mais vulneráveis no bairro de Khalifa Para. Verifica-se que a maioria das pessoas vive em casas de lata e bambu, que correm menos riscos do que as casas de tijolo de barro e as casas com paredes de alvenaria.

3.3.2 Sarder Bari

Os dados sobre o tipo de habitação e a população de Sarder Bari são apresentados no *Quadro 3.6.* O tipo de amostra da estrutura residencial existente na área de estudo é também apresentado no *Quadro 3.6.*

A partir dos dados acima, é evidente que as pessoas vivem nas casas mais vulneráveis que requerem ação. Em particular, **as casas de tijolo de barro com paredes de tijolo de barro** e as casas **feitas de alvenaria de tijolo queimado** são os tipos de casas mais vulneráveis no bairro de Khalifa Para. A maioria das pessoas vive em casas de lata e de bambu, que são menos vulneráveis do que as casas de tijolo de barro e com paredes de pedra.

3.3.3 Mridha bari

Os dados sobre o tipo de casa e a população de Mridha bari são apresentados no *Quadro 3.7.* Os padrões da estrutura residencial existente na área de estudo são também apresentados no *Quadro 3.7.*

Type of house	No. of house	No. of population	Sample of house
Mud and straw house	Nil	Nil	
Mud and tin house	05	27	
Bamboo and straw house	Nil	Nil	
Bamboo and tin house	07	39	
RC post tin house	16	90	
Brick wall tin house	06	31	
Total	34	187	

A partir dos dados acima, é evidente que as pessoas vivem nas casas mais vulneráveis que requerem ação. Em particular, **as casas de tijolo de barro com paredes de tijolo de barro** e as casas com **alvenaria de tijolo queimado** são os tipos de casas mais vulneráveis no bairro de Khalifa Para. Observa-se que a maioria das pessoas vive em **casas feitas de tijolos de estanho**, que são menos vulneráveis do que as casas feitas de tijolos de barro e as casas com paredes de alvenaria.

3.3.4 Khalifa Bari

O tipo de casas e os dados relativos à população de Khalifa Bari *são* apresentados na *Tabela 3.8.* É também apresentado um exemplo da estrutura residencial existente na área de estudo

Tabela - 3.8.

Type of house	No. of house	No. of population	Sample of house
Mud and straw house	01	04	
Mud and tin house	05	27	
Bamboo and straw house	Nil	Nil	
Bamboo and tin house	09	46	
RC post tin house	15	82	
Brick wall tin house	05	29	
Total	35	188	

Os dados acima mostram que a maioria das pessoas vive nas casas mais vulneráveis, o que exige ação. Os tipos de casas mais vulneráveis no bairro de Khalifa Para são as **casas de tijolo de barro** e **as casas de tijolo queimado**.

3.3.5 Purba para

Os dados sobre o tipo de casa e a população de Purba Para são apresentados na *Tabela 3.9.* O tipo de amostra da estrutura residencial existente na área de estudo também é apresentado na *Tabela 3.9.*

Type of house	No. of house	No. of population	Sample of house
Mud and straw house	01	03	
Mud and tin house	07	38	
Bamboo and straw house	02	09	
Bamboo and tin house	11	64	
RC post tin house	13	79	
Brick wall tin house	08	53	
Total	42	246	

Type of house	No. of house	No. of population	Sample of house
Mud and straw house	03	14	
Mud and tin house	09	47	
Bamboo and straw house	01	05	
Bamboo and tin house	13	69	
RC post tin house	15	81	
Brick wall tin house	07	42	
Total	48	258	

Tabela - 3.9: Dados sobre casas e população de Purba Para

Os dados acima referidos mostram que a maioria das pessoas vive em casas particularmente vulneráveis, onde é necessário tomar medidas. As casas **com paredes de tijolo de barro** e as casas **com paredes de tijolo queimado** estão particularmente em risco nesta zona.

3.3.6 Dados totais da aldeia de Gorbazail

O número total de casas e o seu tipo e os dados relativos à população de toda a aldeia de Gorbazail são apresentados no *Quadro 3.10.* Os exemplos de tipos de estruturas residenciais existentes na área da aldeia de Gorbazail são também apresentados no *Quadro 3.5.*

Quadro - 3.10: Dados sobre as casas e a população de toda a aldeia de Gorbazail

Type of house	No. of house	No. of population	Sample of house
Mud and straw house	07	30	
Mud and tin house	34	184	
Bamboo and straw house	04	19	

Bamboo and tin house	50	275	
R. C. C. post tin house	74	423	
Brick wall tin house	30	180	
Total	199	1111	

O inventário das casas existentes na área de estudo, distrito de **Mymensig**, mostra que cerca de **25% das** casas são feitas de lama ou paredes de terra com telhados de palha ou colmo, cerca de **35%** são feitas de postes de bambu com telhados de palha ou colmo, cerca de **10%** são feitas de paredes de tijolo queimado com telhados de palha e cerca de **30% das** casas são feitas de postes com telhados de palha. **Os dados acima indicam, portanto, que cerca de 65% das casas são propensas a terramotos e necessitam de avaliação.**

Capítulo IV

Casa de tijolo de barro não técnica

4.1 Introdução

Este capítulo apresentará os vários factores que contribuem para o elevado risco sísmico das casas de tijolo de barro ou dos edifícios de barro nas zonas rurais do Bangladesh que não são projectados. A construção com tijolos de barro é um dos métodos de construção mais antigos e mais utilizados no Bangladesh. Atualmente, este método de construção é utilizado sobretudo pela população rural com baixos rendimentos. O material mais importante utilizado neste método de construção é o barro. A lama é uma mistura de argila, palha, estrume de vaca e areia grossa. A experiência de muitos terramotos em todo o mundo mostrou que as casas de barro são mais susceptíveis aos terramotos do que todos os outros tipos de construção tradicionais devido à sua fragilidade e à falta de um sistema para as proteger das forças laterais. Também não são muito robustas em caso de chuvas fortes e inundações. No entanto, muitas zonas rurais do Bangladesh preferem este método de construção devido à tecnologia local disponível, aos baixos custos de construção, ao isolamento térmico e às propriedades acústicas. Além disso, este método de construção não requer o emprego de mão de obra especializada. No Bangladesh, as casas de tijolo de barro são geralmente construídas em zonas de elevada altitude e de baixa pluviosidade.

4.2 Estado atual das casas de adobe na área de estudo

A população de **Pahartoli** pertence maioritariamente à classe pobre e à classe média baixa. A localização geológica da região também é adequada para a construção de vários tipos de casas de barro. Cerca de 32% da população total da região vive em diferentes tipos de casas de barro.

4.2.1. Tipos de casas de tijolo de barro utilizados

Os diferentes tipos de casas de tijolo de barro utilizados nesta zona são os seguintes

1. Casa de um piso, feita de tijolos de barro e com um telhado de chapa de ferro.
2. Casa de um piso, feita de tijolos de barro e com um telhado de telha.
3. Uma casa de dois andares feita de tijolos de barro com um telhado de estanho.

As secções seguintes abordam os diferentes tipos de casas de adobe com os seus métodos de construção existentes, as desvantagens da técnica de construção existente e dos materiais utilizados, os métodos de reforço da estrutura existente para a tornar resistente aos sismos e as orientações para a construção de uma nova casa resistente aos sismos.

4.3 Casa de um piso feita de tijolos de barro com um telhado de chapa de ferro

Figura 4.1: Uma casa de barro em Khanpara

As casas de barro de um só piso com telhado de chapa de C.I. são o tipo mais comum em comparação com outros tipos de casas de barro, como se mostra na *Fig. 4.1* e na *Fig. 4.2.* As pessoas que costumavam usar *SHON* como material de cobertura agora também usam chapas de C.I. porque são acessíveis e duráveis.

Figura 4.2: A casa de tijolo de barro em **Unshattarpara.**

4.3.1. Material utilizado na construção

Os materiais utilizados para construir uma casa de lama são os seguintes

1 Mistura de lama. (Uma mistura completa de argila, areia, estrume de vaca e palha) ii. Ferro corrugado (C.I.) para o telhado.
111.Madeira:
  a) Para asnas de madeira:
    1) Estrado (50mmX25mm)

    2) Vigas, vigas de ligação e vigas de colarinho (64mmX50mm)

    3) barra transversal (75 mmX75 mm) e

    4) Viga longitudinal (100 mmX75 mm).

  b) Para portas e janelas (64 mmX64 mm), (50 mmX64 mm).

4.3.2 Procedimento para a construção de uma casa de barro

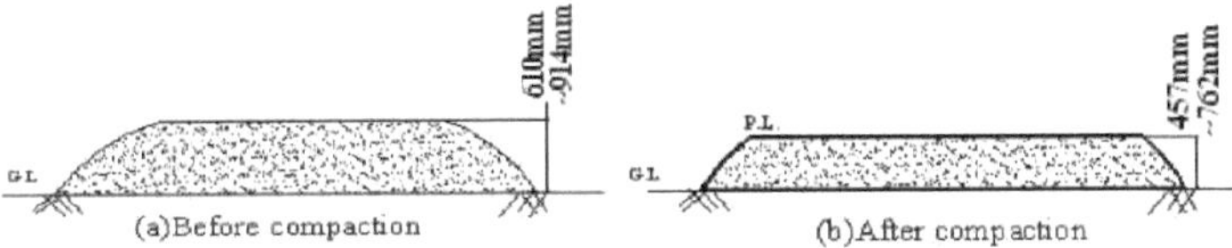

Fig. 4.3: Construção do rodapé.

i. Construção de paredes:
ii.

(a) Para obter uma base com a altura pretendida (457 mm a 762 mm), a lama é inclinada a uma altura de 610 mm a 914 mm e compactada *como mostra a Fig. 4.3. 4.3.*

B Em seguida, abre-se uma vala à volta da casa, cuja largura corresponde à espessura da parede e tem uma profundidade de 457 mm a 610 mm, como mostra a ilustração

Fig-4.4.

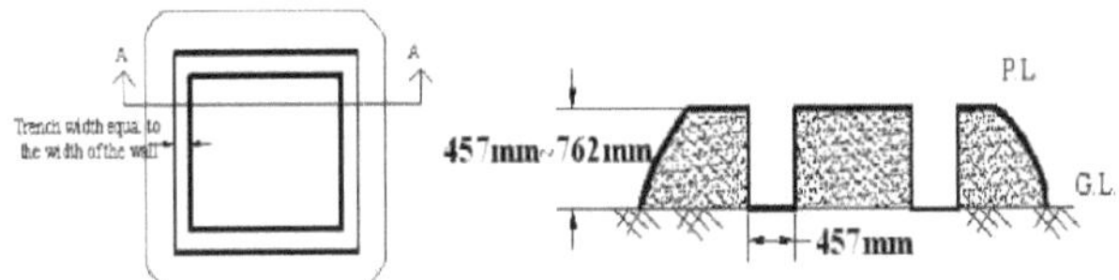

Figura 4.4: Escavação da vala à volta do perímetro da casa.

   c) A cofragem de madeira é colocada em ambos os lados da vala. Mistura-se bem a terra argilosa, a areia, a palha e o estrume de vaca. A mistura é então colocada na cofragem e compactada. Cada uma das paredes é elevada a uma altura de pelo menos 914 mm, como mostra a *Fig. 4.5.*

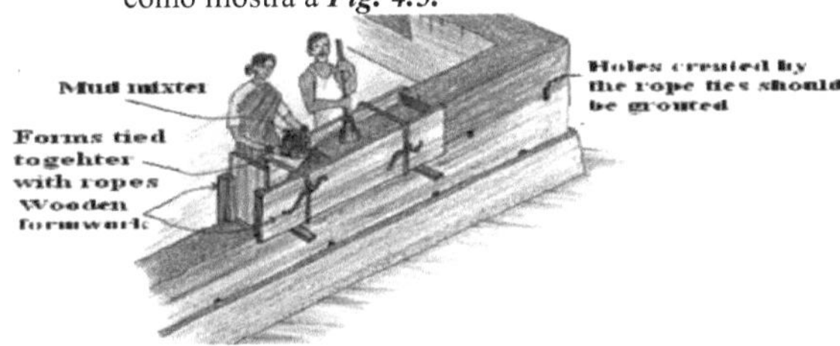

Figura 4.5: Construção do muro (Fonte: Ahmed, 2005)

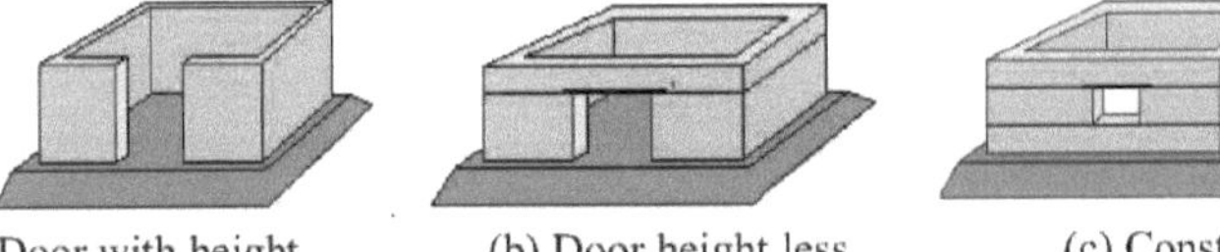

Fig-4.6: Construction of openings.

   d) Em seguida, deixe secar durante cerca de 2-3 dias e repita o processo descrito acima para obter a altura desejada da casa.

ii. Construção de aberturas:

São utilizados dois tipos de aberturas em todos os tipos de casas:

a) portas e b) janelas.

b) **Portas:** As portas podem ser construídas de duas maneiras.

1. Aberturas de portas com a mesma altura de parede: Se as aberturas das portas tiverem a mesma altura que a parede, a construção da parede é interrompida no local das aberturas de acordo com as suas dimensões. Os caixilhos das portas são então instalados como mostra a *Fig. 4.6(a). 4.6(a)*.

2. Aberturas de portas cuja altura é inferior à altura da parede: Se a altura das aberturas das portas for inferior à altura da parede, é colocada uma prancha de madeira por cima da abertura, que é enterrada 150 mm de ambos os lados. A construção da parede é então continuada, com a abertura *como na Fig. 4.6(b)*.

c) **Janelas:** As paredes são primeiro levantadas até à altura do peitoril da janela e depois fechadas no local da abertura. Quando as paredes tiverem sido erguidas até ao topo da janela, são colocadas vigas de madeira sobre os vãos com um embutimento de 150 mm em ambos os lados. O resto da parede é então erguido como anteriormente, *como na Fig. 4.6(c)*.

iii. **Construção do telhado:**

a) Para construir o telhado, as vigas de madeira são primeiro fixadas longitudinalmente acima da parede. Estas vigas são embutidas 50 mm ~ 75 mm na parede, *como mostra a Fig. 4.7*.

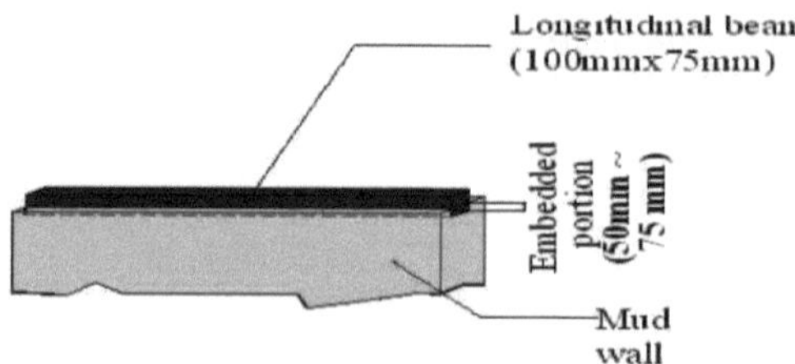

Figura 4.7: Fixação de uma viga longitudinal por cima do muro.

b) Na viga longitudinal, são efectuadas ranhuras com uma distância de centro a centro de 914 mm a 1220 mm, *como mostra a figura 4.8. 4.8*.

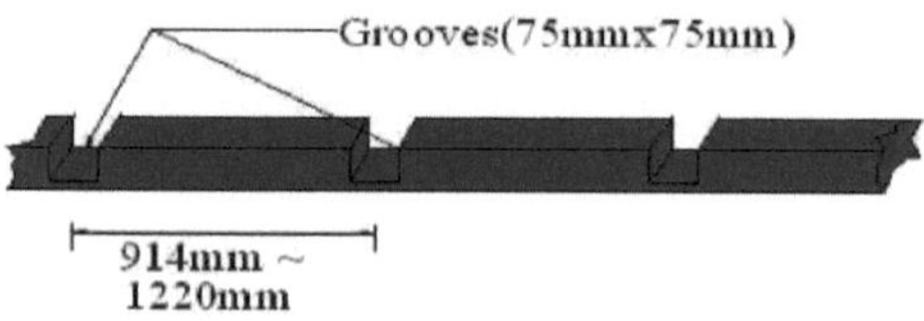

Figura 4.8: As ranhuras são efectuadas na viga longitudinal.

c) As barras transversais são inseridas nas ranhuras da barra longitudinal, **como mostra a
*Fig. 4.9. 4.9.***

Barra transversal

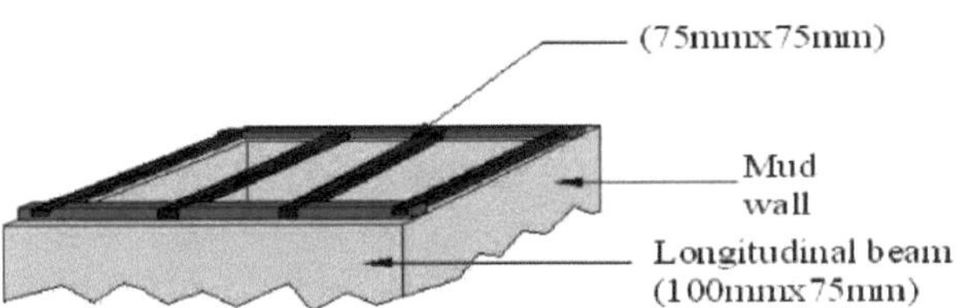

Figura 4.9: Posicionamento da travessa por cima da barra lateral.

d) As asnas de cobertura são então colocadas sobre a viga longitudinal e pregadas a esta,
como mostra a *Fig. 4.10. 4.10.* Verificou-se que as asnas de cobertura nem sempre são
colocadas diretamente sobre as vigas transversais.

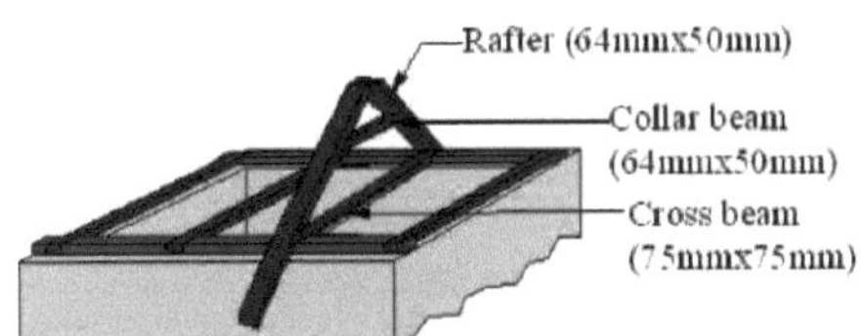

Figura 4.10: Posicionamento da treliça de madeira do telhado.

e) As placas C.I. são colocadas nas asnas e fixadas com porcas e parafusos, **como mostra a
*Fig. 4.11. 4.11.***

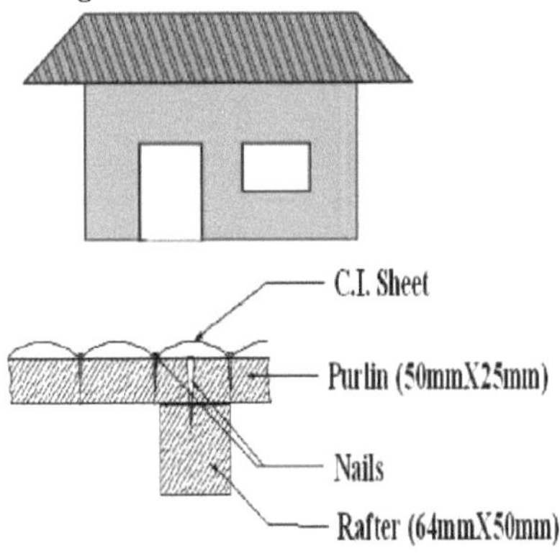

Fig. 4.11: Fixação de painéis C.I. por cima da treliça do telhado.

4.3.3 Configuração estrutural de uma casa existente de tijolo de barro de um só piso com um A.I.

Coberturas de chapa metálica

A planta de construção da casa de tijolo de barro de um só piso existente é mostrada na *Fig.
4.12. 4.12* e uma vista em corte da casa na *Fig. 4.13.*

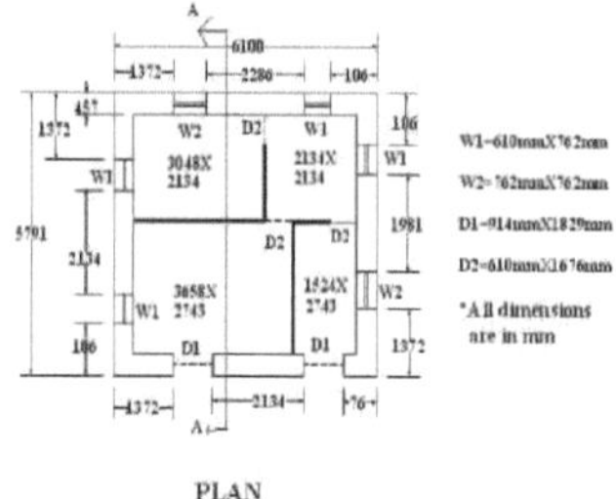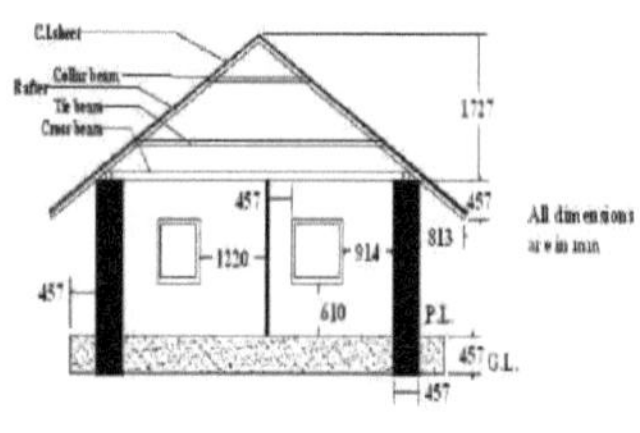

PLAN

SECTION A-A

Fig-4.12: Plan of an existing mud house

Fig-4.13: Sectional elevation

Os perfis/vigas de madeira utilizados para a construção do telhado de uma casa de barro são apresentados na *Fig.*

4.3.4 Custos estimados para uma casa de adobe existente de um só piso com um telhado de chapa metálica Tendo em conta os preços actuais dos materiais, os custos de construção de uma casa de adobe típica de um só piso são apresentados no *Quadro 4.1.*

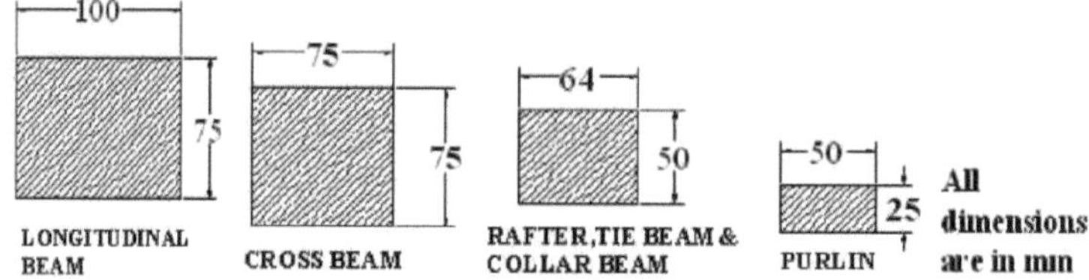

Fig-4.14: Sections of wooden bar used in roof construction

Quadro 4.1: Custos de uma casa térrea de tijolo de barro com cobertura de chapa de ferro

Sl. Não.	Descrição dos artigos	Quantidade	Curso em tk	Os custos para BDT
1.	Lamas de parede	15.46 cum.	353 taka za kum	Tk 5460.
2.	Madeira para aberturas	0,093 cum	Tk 8829 para kum	Tk 820.
3.	Madeira para o sistema de treliça do telhado	0,135 cum.	10600 Taka por esperma	Tk 1435.
4.	Madeira para vigas	0,318 cum	10600 Taka por esperma	Tk 3375.
5.	Painéis C.I. para o telhado	9 Proibição	3 000 taka para a proibição	27000 Taka
6.	Chapas metálicas para portas e janelas	6,36 metros quadrados.	3231 taka por metro quadrado.	Tk 20550.
7.	Tagarelas de bambu	3,07 metros quadrados	54 Tk por metro quadrado.	Tk 165.
8.	Lancis, pregos e parafusos	2kg	50 taka por kg	Tk 100.
9.	Fio	1kg	50 taka por kg	Tk 50.
10	Mão de obra qualificada	2 pessoas para 7 dias	Tk 230 por pessoa e por dia	Tk 3220
	Pessoal não qualificado	4 pessoas por 7 dias	Tk 150 por pessoa e por dia	4200 Taka

11.	Custos de transporte			Tk 1000
12.	No total			Tk 67375

[2]O custo total da casa de barro existente, de um só piso, com telhado de estanho C.I. e uma área de cave de 35,325 metros, é de BDT 67.375,00, ou seja, cerca de USD 850. O custo por metro quadrado necessário para a construção da casa de barro existente é de aproximadamente BDT 1908,00, o que corresponde a aproximadamente USD 25.

4.3.5 Defeitos estruturais da casa de tijolo de barro de um só piso existente com cobertura de chapa metálica

1. Desvantagens da construção do telhado:

a) **Sem vigas e sem ligação rígida entre** a **parede e as vigas:** Do método de construção descrito acima, pode ver-se que não há vigas nos cantos das paredes e que as vigas se apoiam simplesmente na parede e estão ligeiramente embutidas nela. O sistema de treliças da cobertura mostrado na *Fig. 4.15* é formado por estas vigas. *4.15.* Se lhes for aplicada uma carga lateral, estas vigas podem colapsar e provocar o colapso do sistema de treliças da cobertura, resultando em danos graves para a casa de adobe, como mostra a *Fig. 4.16.*

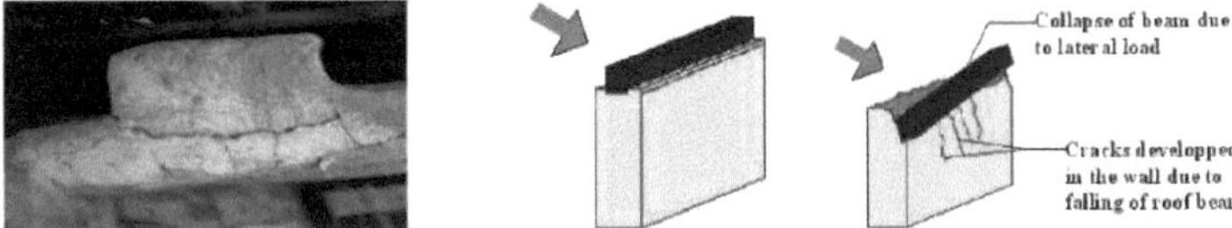

Fig. 4.15: Ligação entre parede e viga *Fig. 4.16:* Sem ligação entre parede e viga

b) **Má ligação entre as vigas longitudinais e transversais: As** vigas de madeira estão dispostas por cima da parede, mas não existe uma ligação rígida entre elas no canto da parede. Apenas são feitas ranhuras na viga longitudinal para acomodar a viga transversal. Em caso de fortes vibrações sísmicas, estas vigas transversais de madeira podem sair das ranhuras e colapsar, como mostra a *Fig. 4.17.*

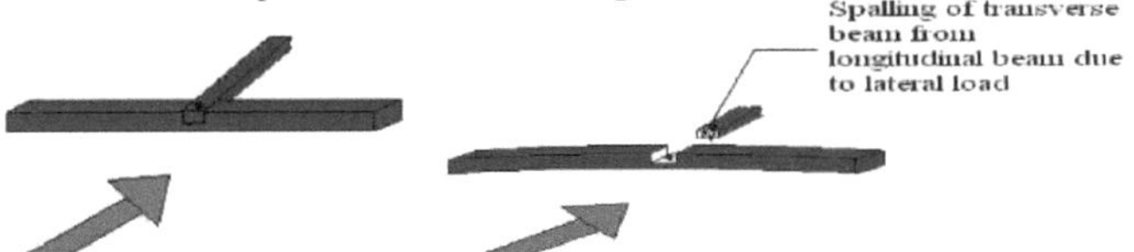

Figura 4.17: Separação da barra transversal da barra lateral.

c) **Colocação incorrecta da asna de cobertura:** Por vezes, as asnas de cobertura podem ser colocadas acima da abertura, como mostra a *Fig. 4.18. 4.18.* As cargas transferidas da cobertura para a parede criam tensões na parte superior da abertura. Uma vez que a parede é feita de material frágil, formar-se-ão fissuras na abertura, como mostra a *Fig. 4.19.*

Fig-4.18: Treliça do telhado acima da abertura *Fig-4.19:* Fissura acima da abertura

2. Um erro na construção do muro:

a) **O peso da construção:** Em geral, a espessura das paredes das casas de tijolo de barro varia entre 457 mm e 914 mm. Este facto aumenta o peso da casa.
Em conformidade com o Código Nacional de Construção do Bangladesh, BNBC-1993,

Inclinação da fundação, $V= (ZIC/R)*W$. Onde W é o peso da casa de tijolos de barro.

A partir da equação acima, pode ver-se que à medida que o valor de W aumenta, a força de cisalhamento que actua na estrutura de argila também aumenta. No entanto, o material utilizado para construir as paredes é inerentemente frágil e toda a estrutura de terra não tem qualquer sistema para absorver as forças de corte. **Esta é a razão pela qual as casas de adobe se desmoronam sob forças sísmicas.**

b) **Baixa resistência à tração das paredes:** Embora as paredes utilizadas numa casa de adobe possam suportar a pressão, são muito fracas em termos de tração. Por isso, durante um terramoto, formam-se muitas fissuras na parede e esta pode ruir, *como mostra a Fig. 4.20. 4.20*. Uma vez que esta força lateral exerce compressão no exterior da parede, que está na direção da força, e tensão no interior da parede, formam-se fissuras, causando danos em toda a estrutura, como mostra a *Fig. 4.21*.

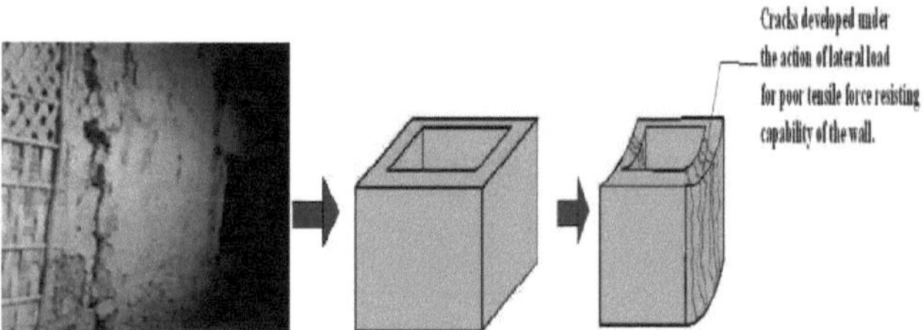

Figura 4.20: **Falha por sismo** *Figura 4.21:* **Padrão de fissuras em muros de terra**

c)_Excesso de **aberturas nas paredes:** Como se pode observar na *Fig. 4.22*, as aberturas de portas e janelas são grandes e demasiado numerosas. Esta menor área efectiva da parede aumenta a intensidade da carga sobre a parede e acelera a possibilidade de colapso durante o
Terramoto.

Figura 4.22: Demasiadas aberturas numa parede.
d) <u>Sem telhado, lintel e rodapé:</u> Sem lintel, telhado e <u>rodapé:</u> Sem lintel, telhado e <u>rodapé:</u> Sem lintel, telhado e rodapé: Sem lintel, telhado e <u>rodapé</u>

A faixa da cave deve resistir às forças laterais que actuam sobre o edifício.

3. **Défice da Fundação:**

Não são necessários alicerces para a construção de casas de barro. Apenas o solo é escavado até uma largura de 610 mm a 760 mm, que corresponde à espessura da parede, e depois a parede é erguida. Isto significa que não existe uma ligação fixa entre o edifício e o solo e que o edifício pode facilmente ruir devido à forte carga lateral que actua sobre ele.

4.3.6 Método de reforço de uma casa térrea existente de argila com C.I. Coberturas de chapa metálica

As técnicas de reforço sísmico para ultrapassar as desvantagens acima referidas das casas de adobe existentes são descritas a seguir:

1. Devem ser colocadas travessas de madeira em cada canto onde as vigas longitudinais e transversais se encontram, como mostra a ***Figura 4.23. 4.23***. Isto permite

   vigas, que actuam como uma caixa rígida e ajudam a transferir facilmente a carga do

   vigas longitudinais e transversais e reduzir a probabilidade de falha.

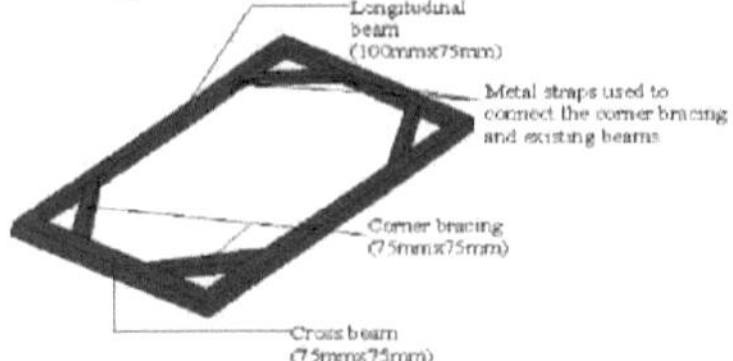

Figura 4.23: Montagem dos suportes no canto entre a barra lateral e a barra transversal.

2. Podem ser utilizadas cintas metálicas para ligar as vigas transversais e longitudinais.

   e protege a barra transversal de se separar da barra lateral.

   como mostra a ***Fig. 4.24. 4.24***.

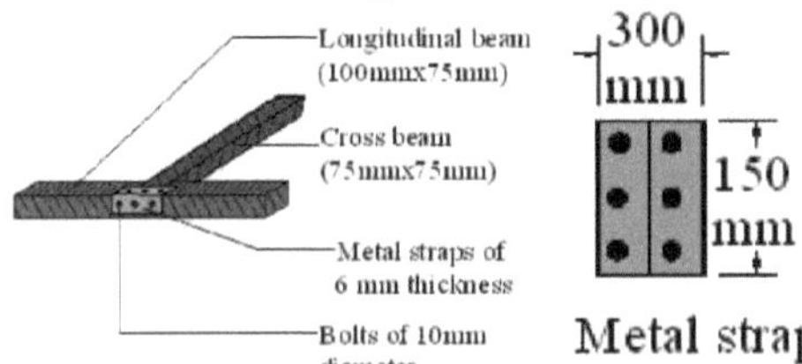

Figura 4.24: Utilização de clipes metálicos para ligar a travessa e a longarina.

3. As vigas acima da abertura podem ser deslizadas sobre a parede sólida

   e assim reduz a possibilidade de fissuração acima do furo, ***como mostra a Fig.***

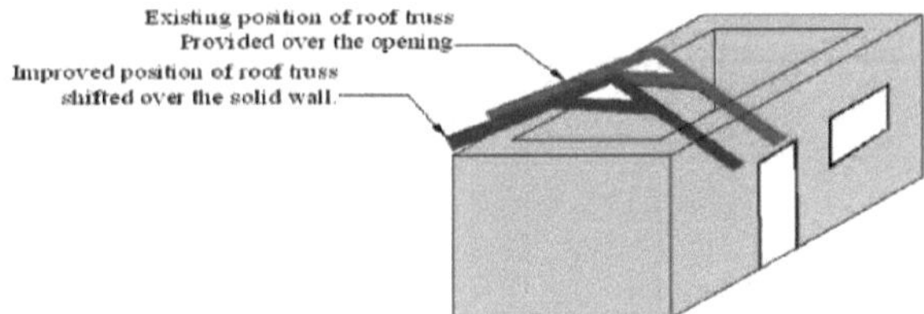

Figura 4.25: Deslocamento do ligante acima da abertura.

4. O número e a dimensão das aberturas podem ser reduzidos fechando algumas delas. Isto aumenta a área da parede e reduz a intensidade de carga da parede, como se mostra na *Figura 4.26. 4.26.* Recomenda-se que a soma das larguras das aberturas não exceda um terço do comprimento total da parede (IAEE, 2004).

Comprimento da parede=L

Largura da abertura da porta = a

Largura de abertura da janela=b (bl,b2,b3.... etc.)

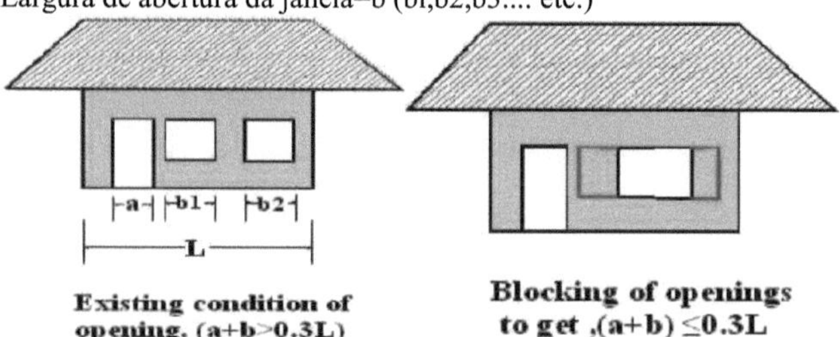

Fig. 4.26: Fecho de aberturas de janelas e portas supérfluas.

5. As novas paredes podem ser instaladas transversalmente para reduzir a deformação causada pela

carga lateral, como mostra a *Fig. 4.27. 4.27.*

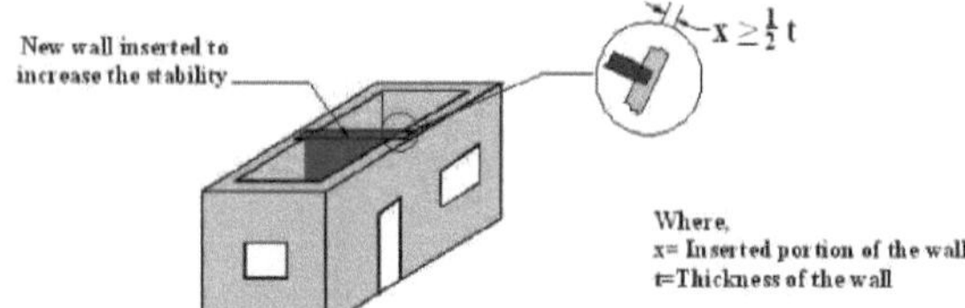

Figura 4.27: Inserção de um novo muro para aumentar a estabilidade do muro

6. O principal problema da utilização da argila é o risco de penetração da água. As paredes de terra tornam-se moles, perdem a resistência à compressão e, consequentemente, ficam expostas à erosão. Por conseguinte, as paredes de terra estão inevitavelmente expostas à deterioração devido à precipitação e à infiltração de água. O cimento pode ser utilizado como aditivo à terra, e a terra misturada com resíduos de betume pode ser utilizada como reboco.

7. Para reforçar as paredes, podem ser fixadas várias varas de bambu no interior e no exterior das paredes. Pode ser usada uma base de betão para ancorar as varas de bambu ao nível do solo. São então feitos furos nas paredes para ligar as varas de bambu no interior e no exterior das paredes com cavilhas de bambu e arame, *como mostra a Fig. 4.28(a)*. As travessas horizontais são colocadas entre as varas de bambu para reduzir a deflexão. No topo da parede, estas varas de bambu são ligadas a meias varas de bambu sob a forma de uma treliça, como mostra a *Fig. 4.28(b). 4.28(b).*

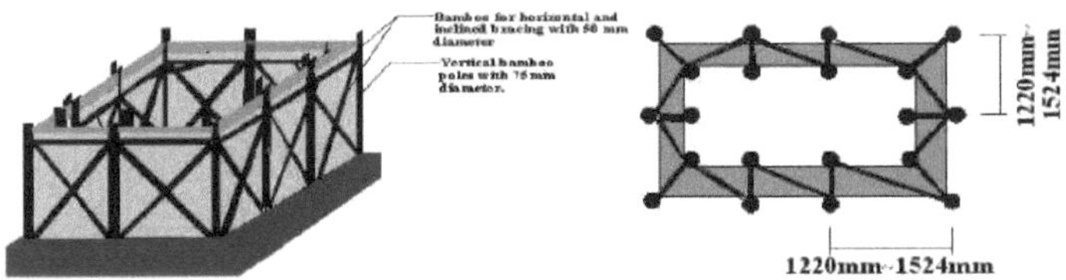

Figura 4.28: Reforço das paredes com varas de bambu.
(b) **Vista superior**

4.3.7 Estimativa do custo de uma casa de tijolo de barro de um andar à prova de sismos
com revestimento em chapa C.I.

Tendo em conta os preços actuais dos materiais, os custos de uma casa de barro de um andar, reforçada e melhorada, à prova de sismos, são os seguintes

Tabela 4.2: Custos de uma casa de adobe de um andar melhorada sismicamente

Sl.no.	Descrição dos artigos		Quantidade	Curso em tk	Custos para o BDT
1.	Lamas de parede		17.5 Cum	353 taka za kum	6177,5 Taka
2.	Madeira para aberturas		0,093 Cum	Tk 8829 para kum	Tk 820.
3.	Madeira para o sistema de treliça do telhado		0.15 cum.	10600 Taka por esperma	Tk 1590.
4.	Madeira para vigas de telhado		0,375 cm.	10600 Taka por esperma	Tk 3975.
5.	Bambu		81 narizes	50 taka por peça.	Tk 4050
6.	Painéis C.I. para o telhado		9 Proibição	3 000 taka para a proibição	27000 Taka
7.	Chapas metálicas para portas e janelas		6,36 metros quadrados.	3231 taka por metro quadrado.	Tk 20550.
8.	Tagarelas de bambu		3,07 metros quadrados	54 Tk por metro quadrado.	Tk 165.
9.	Lancis, pregos e parafusos		5 kg	50 taka por kg	Tk 250
10.	Fio		2kg	50 taka por kg	Tk 100.
11.	trabalho é.	Qualificado	2 pessoas para 7	230 Taka za	Tk 3220
		Pessoal não qualificado	4 pessoas em 7	Tk 150	2100 Taka
12.	Cimento		2 sacos	Tk 250 por saco	500 taka
13.	Custos de transporte				Tk 1000
14.	No total				Tk 71500.

[2] O custo de uma casa de barro de um andar reforçada sismicamente e melhorada com um telhado de chapa de metal C.I. de 35,325 m de comprimento é de BDT 71.500 ou US$ 900. O custo por metro quadrado necessário para esta casa de barro reforçada e resistente a terramotos é de BDT 2.024,00 ou US$ 26.

4.3.8   Conceção de uma nova casa de tijolo de barro de um piso à prova de sismos com I.A.

Coberturas de chapa metálica:

A **conceção de uma nova casa sismo-resistente feita de barro** é tratada em duas fases nas secções seguintes:

1. Cálculo das cargas e dos diferentes componentes da estrutura.
2. Desenvolvimento de diretrizes de design para casas de adobe resistentes a sismos.

A análise detalhada e o procedimento de projeto para uma nova casa de adobe de um só piso resistente a sismos com uma cobertura de chapa metálica C.I. são descritos na Secção 4.3.8.1.

4.3.8.1 Cálculo de construção de uma casa térrea em tijolo de barro com cobertura em chapa de C.I:

i. <u>Bambu:</u>
Módulo de elasticidade médio à rotura, $f'y=124$ N/mm^2

Tensão de tração admissível, $Fs = 0,4fy = 0,4*124 = 49,6$ N/mm2

Tensão de compressão admissível, $Fc = 0,4fy = 0,4*124 = 49,6$ N/mm2

Módulo de elasticidade, $Eb=15168,5$N/mm2

ii.<u>lama:</u>
De acordo com o BNBC, o módulo de elasticidade da argila é $Em=750f'm$ **(dada a equação utilizada para determinar o módulo de elasticidade para a alvenaria, uma vez que não há previsão para casas de argila no BNBC).**

Resistência à compressão assumida do fluido de perfuração, $fm =0,2$N/mm2 (IAEE, 2004)

^{2}Para, $fm=0,2$N/mm ; '. $Em=750*0,2=150$N/mm^2

Resistência ao cisalhamento admissível, $vm =0,025$ N/mm2 (IAEE, 2004)

Resistência à tração admissível, $ft =0,04$ N/mm2 (IAEE, 2004)

<u>Cálculo de carga:</u>

Carga de vento:

Para Chittagong, a velocidade de base do vento é Vb= 260 km/h (do Quadro-6.2.8, BNBC, 1993)

$_z$^{2}Pressão sustentada do vento, $qz=Cc*CI*C *Vb$ (de acordo com BNBC, secção 2.4.6.2)

Aplica-se o seguinte: qz = pressão sustentada do vento à altura z, KN/m^2

CI=coeficiente de importância da estrutura=1,00 (de acordo com a BNBC, Quadro -6.2.9)

Cc=fator de conversão de velocidade em pressão=47,2E-6

$_z$C = Altitude combinada e fator de exposição=0,801 (Segundo a BNBC, a tabela -

...

6.2.10)

Vb=velocidade do vento principal em km/h da secção 2.4.5

Pressão sustentada do vento, $qz=0,801*47,2E-6*1,00*260^2=2,56$KN/m2

Pressão de projeto do vento, Pz=CG*Cp*qz (de acordo com BNBC, secção 2.4.6.3)

Em que Pz = pressão de projeto do vento à altura z, KN/m2

CG=coeficiente de gustação=1,321 (BNBC, Secção-2.4.6.6, Quadro-6.2.11)

Cp= Coeficiente de pressão para estruturas (BNBC, secção 2.4.6.7)

Para paredes e telhados virados para o vento,

Para a parede, Cpe=0,8 (BNBC, Figura -6.2.5),

Pressão do vento calculada, Pz=1,321*0,8*2,56=2,705 KW

Para a cobertura, Cpe=0,3 (normal à cumeeira) (BNBC, Figura -6.2.5),

Pressão do vento calculada, Pz=1,321*0,3*2,56=1,015 KNW

Para a parede de sotavento e o teto,

Cpe= -0,5 aplica-se à parede (BNBC, Figura -6.2.5),

Pressão do vento estimada, Pz=1,321*(-0,5)*2,56= -1,69 kW

Cpe= -0,7 aplica-se à cobertura (BNBC, Figura -6.2.5),

Pressão do vento calculada, Pz=1,321*(-0,7)*2,56= -2,37KN/m^2

Exposição a sismos:

Deslocamento da base, V= (ZIC/R)*W (de acordo com BNBC, secção 2.5.6.1)

Onde, Z= Coeficiente de zona sísmica=0,15 (para Zona-2) (de acordo com BNBC, Tabela-6.2.22)

I= coeficiente de significância estrutural=1,00 (de acordo com a BNBC, Tabela 6.2.23)

R= Fator de Modificação de Resposta =6,00 (de acordo com BNBC, Tabela6.2.23)

W= carga sísmica total de acordo com o BNBC, secção 2.5.5.2

C= Coeficientes numéricos (1,25S)/T %

S= Fator de local para as propriedades do solo (de acordo com BNBC, Tabela-6.2.25)

T= Período de oscilação fundamental (de acordo com a BNBC, secção 2.5.6.2) = Ct (hn) %

Ct= 0,049 (BNBC, secção 2.5.6.2)

hn = altura em metros acima da superfície de base até ao nível n = 1,83 m.

Isto significa que T=0,08 segundos e C=6,9

(De acordo com a BNBC, a mudança de base deve ser multiplicada por 1,5),

Deslocação da base, V=1,5(ZIC/R)*W

Carga morta:

Carga superficial C.I.Sheet=0,12 KN/mm^2

Carga através do sistema de treliças do telhado = 8 KN/m^3

Peso morto da parede =19,0 KN/m

Área útil =35,3 m².

Comprimento total do muro = 23,77 m

Carga morta total da parede=19*23,77*0,457*1,83=377,7 kN

Carga morta total da cobertura =7,87 kN

Carga morta total = 385,57 kN

Carga viva:

Carga viva na cobertura =0,8 kN/m^2

Carga viva assumida na parede = 50,0 kN

Projeto de fundação:

Vamos supor que o solo é do tipo franco-arenoso,

Capacidade de carga do pavimento, q =150KN/m2$_{nu}$

Ângulo de atrito interno, f = ZO^0

Assume-se que o fator de segurança F.S.=3,0

Capacidade de carga admissível do pavimento, q=150/3=50KN/m2

Largura da fundação

Gesamte Wandbelastung=6,096*1,83*19*0,457+50,0=96,86+50=146,86KN

Wandverteilung=146,86/6,096=24,09 KN/m

Largura da fundação, Bf (min)=24.09/50=0.482m=482mm

Profundidade da fundação:

Profundidade mínima da fundação, Df (min) = (qnu /y)*{(1 -zinf)/ (1+zinf)}. ^{2}

$$= (150/19)*\{(1-\sin30°)/1+\sin30°)\}\ 2$$

$$=0,870m=870mm$$

Construção de paredes de barro:

Peso morto total, W=385,57 KN

Posição inclinada da base, V=1,5(ZIC/R)*W=99,76 KN

Tenha em conta que os encaixes de folheado de bambu podem suportar todas as forças de corte.

Resistência máxima admissível ao corte, vm=0,025N/mm2

[Assumindo 12 peças de carris de bambu de um poste com um diâmetro de 75 mm e uma espessura de ~6,5 mm].

O tamanho do encaixe de bambu é (19,64 mm X 6,5 mm)

[22]Av= 1/12*{1/4*(75) -(62) } =116,57 mm^2

Distância do encaixe de bambu:

S= (Av*Fs)/ (vm *b) = (116,57*49,6/ (0,025*450) =514 mm

Aplica-se o seguinte: Smax=b/2 =450/2 =225 mm; Smax=600 mm

S=225 mm,

Com o reforço vertical, a distância deve ser mantida o mais pequena possível,

Smax=b/2 =450/2 =225 mm; Smax=600 mm

Profundidade efectiva necessária da parede, d= V/ (vm *b)= (99,76*1000)/(.025*450)= 8868 mm

Utilize duas paredes em ambas as direcções (uma para cada parede exterior).

L= d/2+100 (100 mm da camada de reforço de um lado) = 8868/2+100=4534 mm

Por conseguinte, é suficiente dotar toda a parede de argila com uma armadura de bambu a uma distância de 225 mm em ambas as direcções.

4.3.8.2 Orientações para a conceção de uma casa de adobe de um só piso, resistente aos sismos, com cobertura de chapa metálica:

Para construir uma nova casa de adobe resistente a terramotos, é necessário ter em conta algumas caraterísticas. Esta secção fornece orientações para a construção de uma nova casa de adobe de um só piso resistente a sismos com um telhado de estanho.

1. Fundação:

a) A argila, o material de construção mais importante numa casa de adobe, é naturalmente frágil, tem pouca resistência e uma grande afinidade com a água. Este método de construção deve, por conseguinte, ser proibido em zonas com solos arenosos soltos ou com argila mal compactada. Os edifícios construídos sobre este material sem precauções especiais correm o risco de assentamento irregular em caso de vibrações sísmicas.

b) A largura mínima da base das paredes pode ser a seguinte:

    i. Um andar em piso sólido - de acordo com a espessura da parede

    ii. Um piso em solo macio - 1,5 vezes a espessura da parede

A profundidade da fundação abaixo da superfície do solo deve ser de pelo menos 900 mm, *como mostra a Figura 4.29. 4.29.*

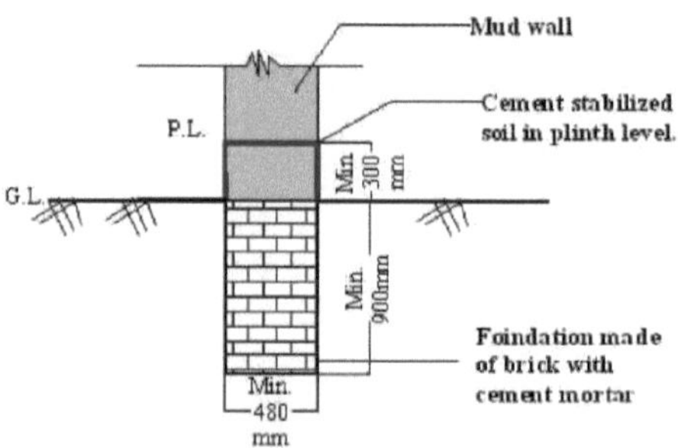

FOUNDATION

Fig. 4.29: Secção através da fundação.

c) A fundação deve ser construída com tijolos sobre argamassa de cimento, como mostra *a Fig. 4.29. 4.29.*

d) A parede ao nível do plinto deve, de preferência, ser feita de tijolos com argamassa de cimento. A altura do plinto deve estar acima da linha de água alta ou, pelo menos, 300 mm acima do nível do solo. Se não forem utilizados tijolos, pode ser utilizado eficazmente solo estabilizado com cimento. A utilização de reboco de argamassa de cimento ao nível do plinto também reduz o impacto da água no edifício, *como mostra a Fig. 4.29.*

2. **A parede:**

As paredes podem ser reforçadas com ferragens verticais de bambu e tiras horizontais de lâminas de bambu.

a) **Acessórios verticais de bambu em paredes:** Há dois tipos de acessórios verticais de bambu que podem ser usados em paredes de barro. Estes dois tipos são descritos abaixo.

i. Rede de bambu: As paredes podem ser reforçadas com uma rede de bambu. Esta rede de bambu é feita ligando as lâminas verticais de bambu às lâminas horizontais em cada junta com arame. A rede de bambu é ligada à viga de colarinho *como mostra a Fig. 4.30. 4.30.*

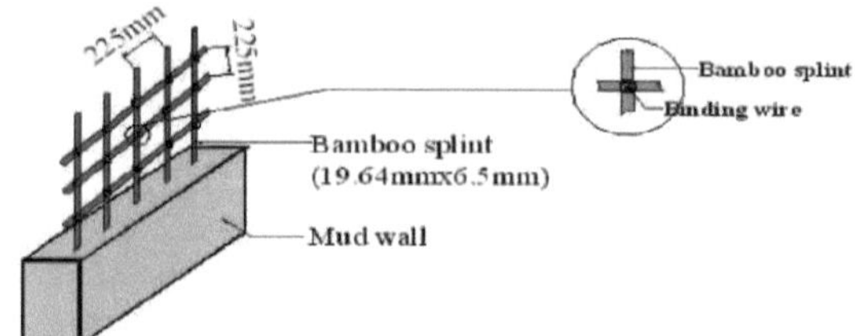

Fig. 4.30: Utilização de reforço de bambu numa parede de terra.

ii. Postes verticais: Outra forma de reforço vertical pode ser utilizada sob a forma de postes. Os postes podem ser feitos de bambu, madeira, etc. Os postes são colocados nos cantos e nas junções das paredes. Devem começar ao nível da fundação, continuar e ser fixados aos lintéis e às ripas do telhado com cordas, *como mostra a Fig. 4.31. 4.31.*

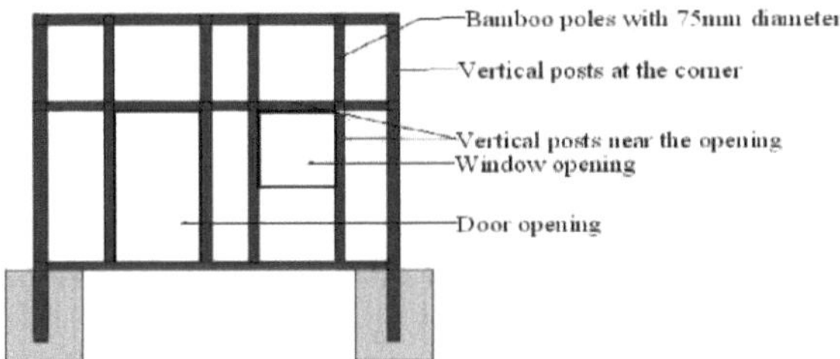

Fig. 4.31: Múltulas verticais nos cantos e junto a aberturas ligadas por faixas horizontais.

b) **Faixas horizontais:** Devem ser instaladas duas vigas ou faixas horizontais contínuas de reforço e ligação, uma das quais deve estar alinhada com os lintéis das aberturas das portas e janelas e a outra logo abaixo do teto em todas as paredes. As vigas devem ser unidas em ângulo reto nos cantos e as juntas devem ser reforçadas. Os lintéis podem ser omitidos nas casas de um só piso. Os lintéis podem ser concebidos com as seguintes formas
i) As madeiras individuais podem ser equipadas com elementos diagonais para fixação ao canto, *como mostra a Fig. 4.32. 4.32.*

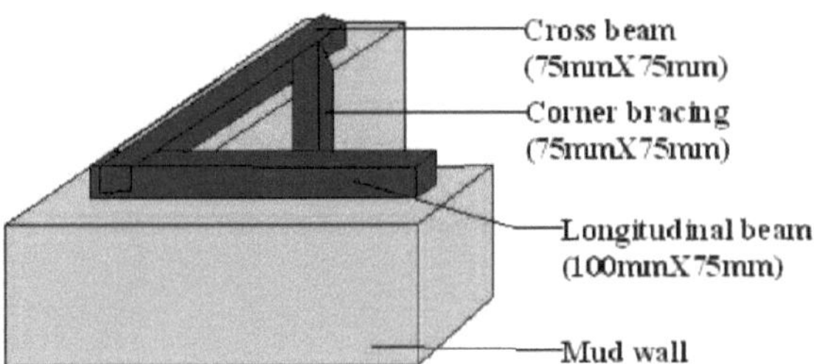

Fig. 4.32: Moldura horizontal com fixação de canto.

j) . Duas peças de madeira podem ser colocadas paralelamente à direção longitudinal da parede. São feitas ranhuras nas vigas nos pontos de canto para segurar as vigas instaladas na direção curta, *como mostra a Figura 4.33. 4.33.*

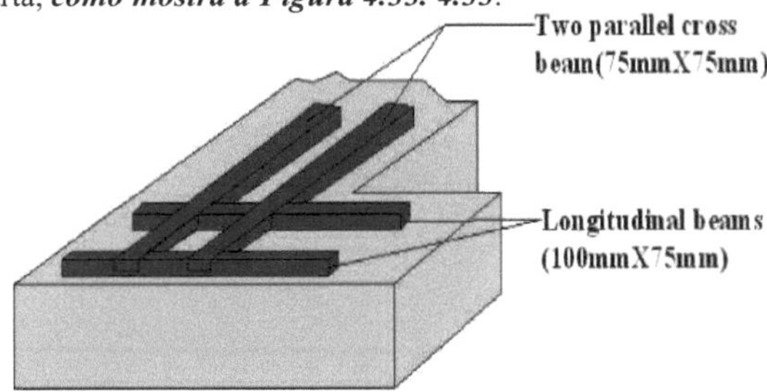

Fig. 4.33: Contraventamento horizontal com duas barras paralelas nos cantos.

3. **Telhados:** Os telhados são constituídos por duas partes principais: a estrutura e o revestimento. A estrutura do telhado deve ser leve, bem ligada e adequadamente conectada às paredes. Seguem-se algumas caraterísticas dos materiais de cobertura.
i. A cobertura do telhado deve, de preferência, ser feita de material leve, como chapa de C.I.,

chapa de G.I., etc.

ii. As vigas ou caibros do telhado não devem ser instalados diretamente sobre as aberturas de portas ou janelas sem um lintel reforçado.

4.3.9 Estimativa de custos para a nova construção de uma casa térrea de tijolo de barro com cobertura de chapa metálica à prova de sismos

Os custos de uma nova casa de adobe de um andar, à prova de terramotos, estão listados no *Quadro 4.3*, tendo em conta os preços actuais dos materiais.

Tabela 4.3: Custos de uma nova casa de tijolo de barro de um andar resistente a sismos

Sl.no.	Descrição dos artigos		Número de artigos	Curso em tk	Custos para o BDT
1.	Lamas de parede		20.5 cum	353 taka za kum	Tk 7237.
2.	Madeira para portas e janelas		0,093 Cum	Tk 8829 para kum	Tk 820.
3.	Madeira para o sistema de treliça do telhado		0.15 cum.	10600 Taka por esperma	Tk 1590.
4.	Madeira para vigas		0,45 cum	10600 Taka por esperma	Tk 4770.
5.	Bambu		110 mas.	50 taka por peça.	5500 Taka
6.	Painéis C.I. para o telhado		9 Proibição	3 000 taka para a proibição	27000 Taka
7.	Chapas metálicas para portas e janelas		6,36 metros quadrados.	3231 taka por metro quadrado.	Tk 20550.
8.	Tagarelas de bambu		3,07 metros quadrados	54 Tk por metro quadrado.	Tk 165.
9.	Pregos, agrafos metálicos e parafusos		6 kg	50 taka por kg	Tk 300
10.	Fio		2kg	50 taka por kg	Tk 100.
11.	trabalho é.	Qualificado	2 pessoas por 15 dias	230 Taka za	6900 Taka
		Pessoal não qualificado	4 pessoas por 15 dias	150 Taka por pessoa	9000 Taka
12.	Cimento		5 sacos	Tk 250 por saco	Tk 1250.
13.	Areia		0,754cum	800 Taka por esperma	Tk604
14.	Tijolo		443 mas.	5 taka por peça.	Tk 2215.
15.	Custos de transporte				Tk 1000
14.	No total				89000 Taka

[2]O custo de uma nova casa de barro de um andar, resistente a terramotos, com um telhado de estanho de 35,325 metros é de BDT 89.000 ou USD 1.200. O custo de construção de uma

casa nova por metro quadrado é de BDT 2 520 ou USD 32.

4.3.10 Comparação de custos

A Figura 4.34 apresenta uma comparação dos custos de construção de uma casa de adobe existente, de uma casa de adobe reforçada sismicamente e de uma nova casa de adobe de um andar resistente a sismos com um telhado de chapa de C.I. 4.34. Aproximadamente **4%** do custo de construção da casa de adobe existente com telhado de chapa C.I. é necessário para o reforço sísmico, e aproximadamente **25%** do custo de construção da casa de adobe existente é necessário para a nova casa de adobe resistente a sismos.

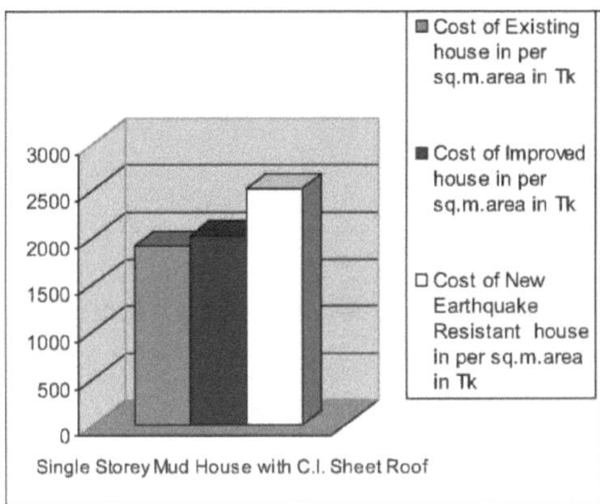

Figura 4.34: Comparação dos custos de construção por unidade de área para a Casa de Lama

4.4 Casa de adobe de um piso com telhado de telha

Estas casas de tijolo de barro são raras em todo o distrito. A maior parte das casas com telhados de telha encontram-se **em Kumarpara, na** aldeia de **Unshattarpara** e **na** área vizinha, como mostra a *Fig. 4.35. 4.35.*

Fig. 4.35: Uma casa de tijolo de barro de um andar com um telhado de telha em Unshattarpara.

4.4.1 Materiais utilizados na construção:

Os materiais utilizados para construir uma casa de barro de um só piso com um telhado de telha são indicados a seguir.

   i.   Mistura de lama. (Mistura completa de argila, areia, estrume de vaca e palha)
   ii.   Telhas.
   iii.   Madeira -
        a) Para asnas   -1) Vigas, vigas de colarinho (64mmX50mm)
                                      2) barra transversal (75 mmX75 mm) e

                                      3) Viga longitudinal de madeira (100 mmX75 mm)

                                      4) Estrado (50mmX25mm)

        b) Para portas e janelas (64 mmX64 mm), (50 mmX64 mm).
   iv.   Bambu para a armação do telhado.

4.4.2 Processo de construção:

   i.   <u>**Construção de paredes:**</u>

a) *Para* construir um rodapé com a altura desejada (457 mm a 762 mm), a terra é aterrada a uma altura de 610 mm a 914 mm e compactada *como mostra a Fig. 4.36. 4.36.*

b)

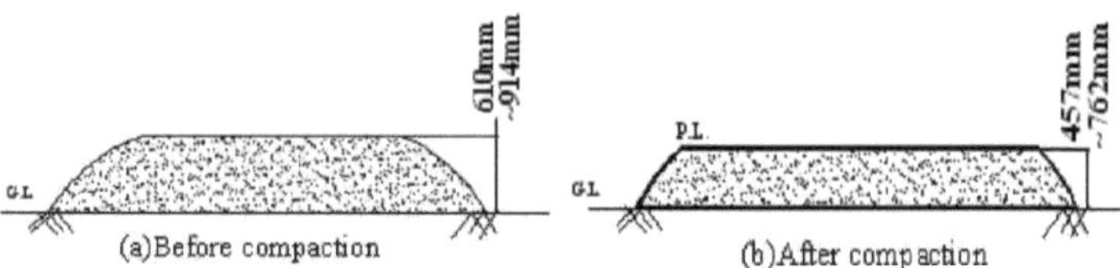

Fig. 4.36: Construção do rodapé.

c) É então escavada uma vala à volta da casa, cuja largura corresponde à espessura da parede e tem uma profundidade de 457 mm a 610 mm, *como mostra a Figura 4.37. 4.37.*

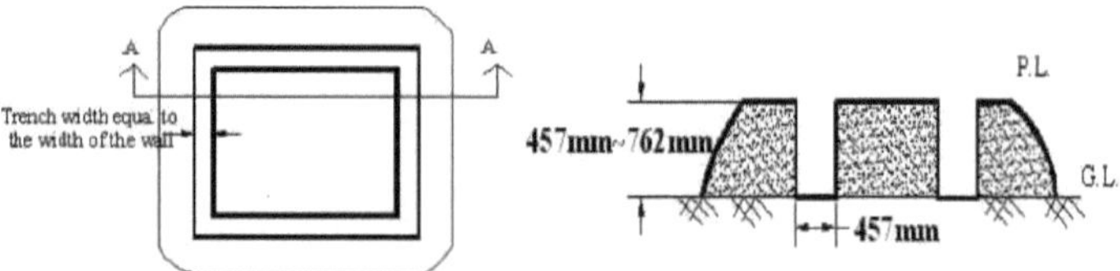

Figura 4.37: Escavação da vala em redor da casa.

d) A cofragem de madeira é colocada em ambos os lados da vala. Mistura-se bem a terra argilosa, a areia, a palha e o estrume de vaca. A mistura é então colocada na cofragem e compactada. Cada uma das paredes é elevada a uma altura mínima de 914 mm, *como mostra a Fig. 4.38.*

Figura 4.38: Construção do muro *(Fonte: Ahmed, 2005)*

e) Em seguida, deixa-se secar durante 2-3 dias e repete-se o processo até se atingir a altura de construção desejada.

ii. **Construção de aberturas:**

Existem dois tipos de aberturas em todas as casas: a) portas e b) janelas.

a) **Portas:** As portas podem ser construídas de duas maneiras.

1. Aberturas de portas à mesma altura que a parede: Se as aberturas de portas estiverem previstas à mesma altura que a parede, a construção da parede é interrompida no local das aberturas de acordo com as suas dimensões. Os caixilhos das portas são então instalados *como mostra a Fig. 4.39(a). 4.39(a)*.

2. Aberturas de portas cuja altura é inferior à altura da parede: Se a altura das aberturas das portas for inferior à altura da parede, é colocada uma prancha de madeira por cima da abertura e enterrada 150 mm em ambos os lados. A construção da parede é então continuada com a abertura, *como mostra a Fig. 4.39(b)*.

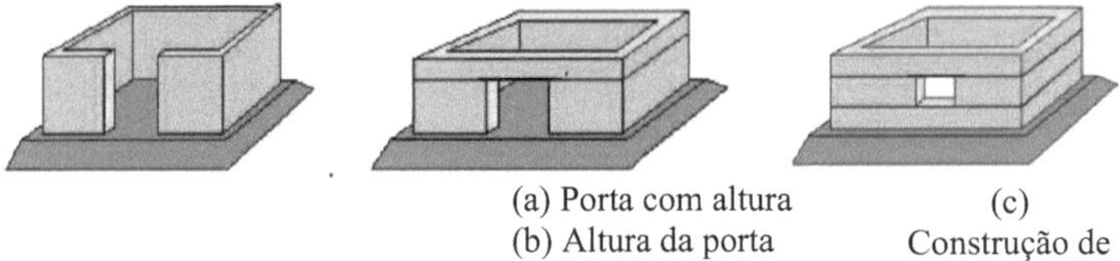

(a) Porta com altura (c)
(b) Altura da porta   Construção de

inferior a

é igual à altura da parede.

Fig. 4.39: Construção de aberturas.

b) **Janela:** As paredes são primeiro levantadas até à altura do peitoril da janela e depois fechadas no local da abertura. Quando as paredes tiverem sido erguidas até ao topo da janela, são colocadas vigas de madeira sobre as aberturas, que são cravadas em betão 150 mm em ambos os lados. O resto da parede é então erguido como *mostra a Fig. 4.39(c). 4.39(c)*.

iii. **Construção do telhado:**

a) Para construir o telhado, as vigas de madeira são primeiro fixadas longitudinalmente acima da parede. Estas vigas são embutidas 50 mm a 75 mm na parede, *como mostra a Fig. 4.40. 4.40*.

b) O elemento lateral tem ranhuras com uma distância de centro a centro de 914 a 1220 mm.

distância entre eles, *como mostra a Fig. 4.41. 4.41*.

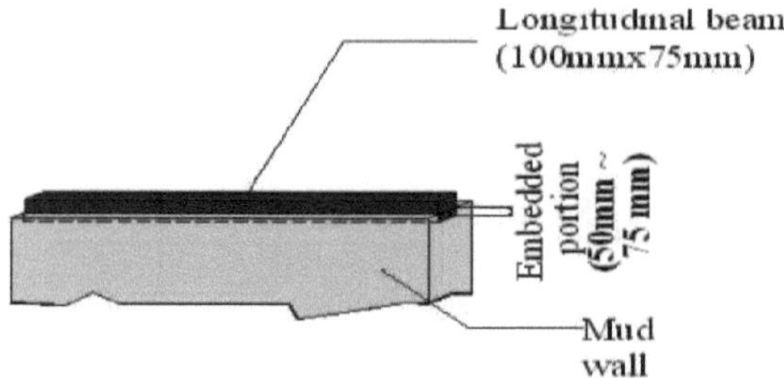

Fig. 4.41: As ranhuras são efectuadas na barra lateral.

c) As barras transversais são instaladas nas ranhuras previamente cortadas na barra lateral, como mostra a *Fig. 4.42. 4.42*.

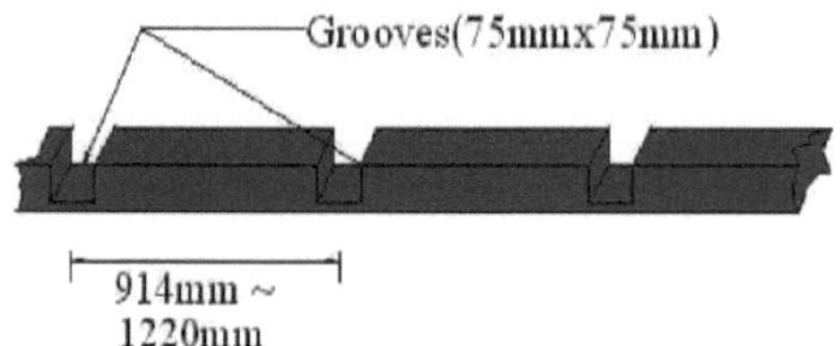

Figura 4.42: Posicionamento da travessa acima da barra lateral.

d) As asnas de cobertura são então colocadas sobre a viga longitudinal e pregadas a esta. Verificou-se que as asnas de cobertura nem sempre são colocadas diretamente sobre as vigas transversais, *como mostra a Fig. 4.43. 4.43*. Por cima da treliça de cobertura é colocada uma armação de treliça, que é fixada à treliça de cobertura por meio de cordas. Esta armação é utilizada para colocar as telhas na armação do telhado. Nesta armação, a distância entre as canas de bambu é escolhida de modo a que as telhas, quando colocadas entre elas

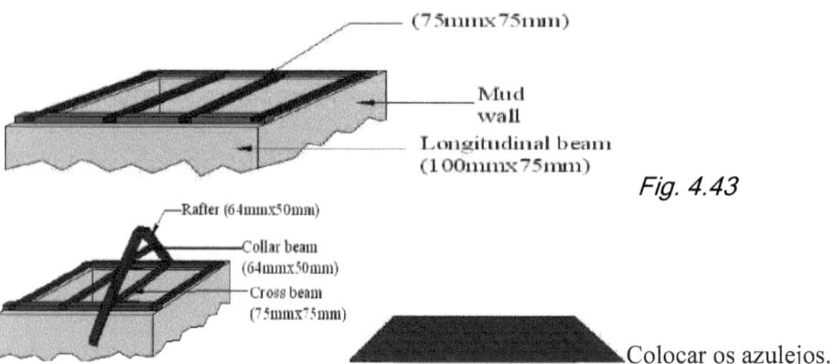

Colocar os azulejos.

4.4.3 Configuração estrutural de uma casa de adobe existente com um telhado de telha:

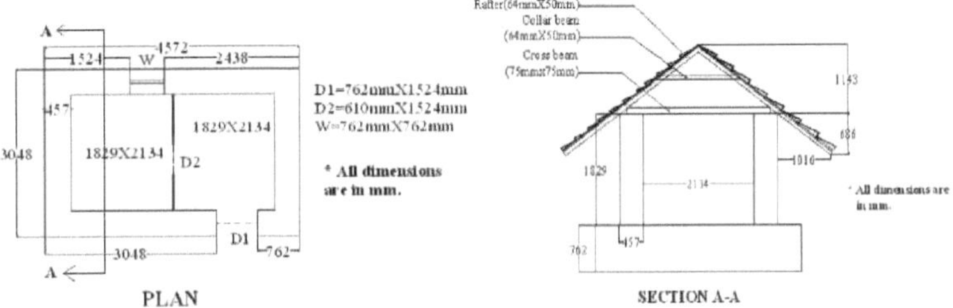

A disposição estrutural da casa de tijolo de barro de um só piso existente é apresentada na *Fig. 4.45. 4.45*, e *a Fig. 4.46* mostra também a secção transversal da casa.

Fig. 4.45: Planta de uma casa de adobe com tijolos *Fig. 4.46:* Vista em corte

A viga de madeira utilizada para a construção do telhado é mostrada na *Fig. 4.47. 4.47*

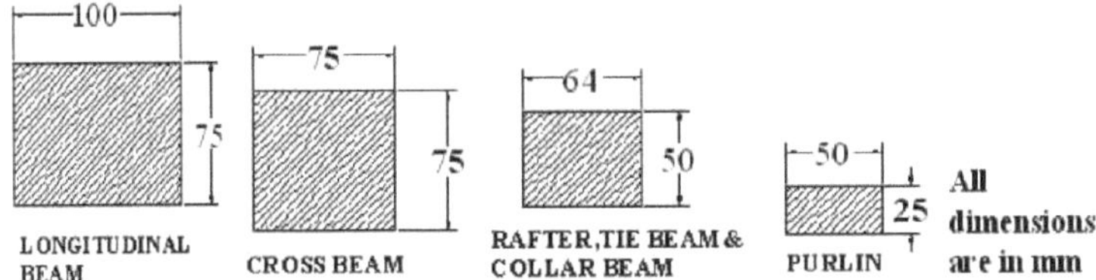

Fig. 4.47: Secção transversal de uma viga de madeira para a estrutura do telhado.

4.4.4 Avaliação de uma casa térrea existente, feita de tijolos de barro e telhas Telhados:

Tendo em conta os preços actuais dos materiais, os custos de uma casa térrea de tijolo de barro com um telhado de telha são os seguintes

Quadro 4.4: Avaliação de uma casa de tijolo de barro térrea existente com telhado de telha

Sl. Não	Descrição dos artigos	Número de artigos	Curso em tk	Custos no BDTK
1.	Lamas de parede	10.5 cum	354 taka za kum	3700 Taka
2.	Madeira para aberturas	0,062cum	8828 taka za kum	Tk 550.
3.	Madeira para o sistema de treliça do telhado	0,141cum	10600 Taka por esperma	Tk 1500.
4.	Madeira para vigas	0,106cum	10600 Taka por esperma	Tk 1125.
5.	Telhas	400 mas	20 taka por peça.	Tk 8000.

6.	Bambu para a armação do telhado	44 Não.	50 taka por peça.	2200 Tk
7.	Tagarelas de bambu	3,25 metros quadrados.	54 Tk por metro quadrado.	Tk 175.
8.	Parex	1kg	50 taka por kg	Tk 50.
9.	Fio	1kg	50 taka por kg	Tk 50.
10	Corda	Pacote	20 Taka por pacote	Tk 40.
11	Laboratório ou - Qualificado	2 pessoas	230 Taka por pessoa	Tk 460.
	Pessoal não qualificado	2 pessoas	150 Taka por pessoa	Tk 300
12.	Transporte			Tk 1000
13.	No total			Tk 19150

[2]O custo de uma casa de barro de um piso com um telhado de telha e uma área de 13,94 metros é de Tk. 19150 ou US$ 240. O custo de construção de tal casa por metro quadrado é de Tk. 1.374 ou US$ 20 por metro quadrado.

4.4.5 Ausência de uma casa de adobe térrea existente com cobertura de telha:

1. Desvantagens da construção do telhado:

a) <u>Sem vigas e sem ligação rígida entre a parede e as vigas:</u> Do método de construção descrito acima, pode ver-se que não há vigas nos cantos das paredes e que as vigas são simplesmente suportadas pela parede e ligeiramente embutidas nela. Estas vigas são utilizadas para permitir
Estrutura da treliça da cobertura, como mostra a *Fig. 4.48. 4.48*. Se uma carga lateral atuar sobre elas, estas vigas podem falhar e provocar o colapso do sistema de treliças da cobertura, resultando em danos graves na cobertura.

A casa está representada na Fig. 4.49.

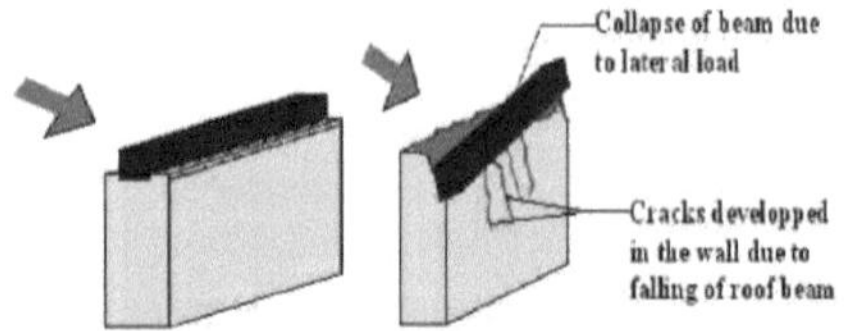

Fig. 4.48: Ligação entre a parede e a viga *Fig. 4.49:* Sem ligação entre a parede e a viga

b) <u>Má ligação entre as vigas longitudinais e transversais:</u> As vigas de madeira estão dispostas por cima da parede, mas não existe uma ligação rígida entre elas no canto da parede. Apenas são feitas ranhuras na viga longitudinal para acomodar a viga transversal. Em caso de fortes vibrações sísmicas, estas vigas transversais de madeira podem sair destas ranhuras e colapsar, como mostra a *Fig. 4.50*.

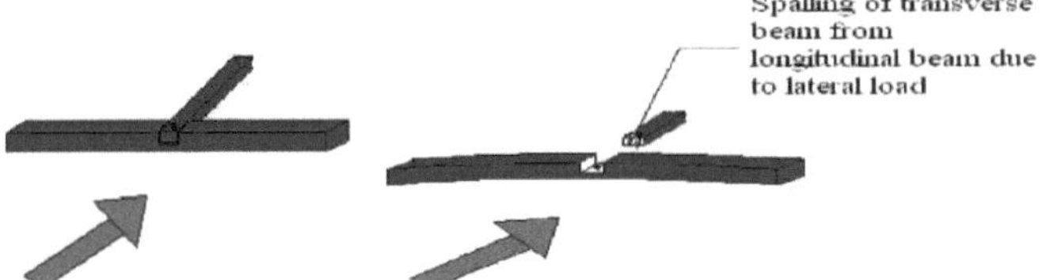

Figura 4.50: Separação da viga transversal da viga longitudinal.

c) <u>Colocação incorrecta da asna de cobertura:</u> Por vezes, as asnas de cobertura podem ser colocadas sobre uma abertura, como mostra a *Fig. 4.51. 4.51.* As cargas transferidas da cobertura para a parede provocam tensões na parte superior da abertura. Como a parede é feita de material frágil, formam-se fissuras na abertura, como mostra a *Fig. 4.50.*

Fig. 4.49: Colocação da asna do telhado por cima da abertura. *Fig. 4.50:* Fendas sobre aberturas

2. Um erro na construção do muro:

a) <u>O grande peso da construção:</u> Em geral, a espessura das paredes das casas de tijolo de barro varia entre 457 mm e 914 mm. Este facto aumenta o peso da construção.

De acordo com o BNBC, o cisalhamento básico V= (ZIC/R)*W. Onde W é o peso do edifício.

A equação acima mostra que, à medida que o valor de W aumenta, a magnitude da força de corte que actua na estrutura também aumenta. No entanto, o material utilizado para construir as paredes é inerentemente frágil e toda a estrutura não possui qualquer sistema de proteção contra forças laterais. Por conseguinte, o edifício desmoronar-se-á sob a ação da força sísmica.

b) <u>Baixa resistência à tração das paredes:</u> Embora as paredes utilizadas numa casa de adobe possam suportar a pressão, são muito fracas em termos de tração. Por isso, durante um terramoto, formam-se muitas fissuras na parede e esta pode ruir, *como mostra a Fig. 4.51. 4.51* Uma vez que a força lateral exerce compressão no exterior da parede, que está na direção da força, e tensão no interior.

As fissuras formam-se no lado da parede, danificando toda a estrutura, como se pode ver na *Fig. 4.52. 4.52.*

Figura 4.51: Representação esquemática dos danos causados pelo terramoto no Bangladesh.

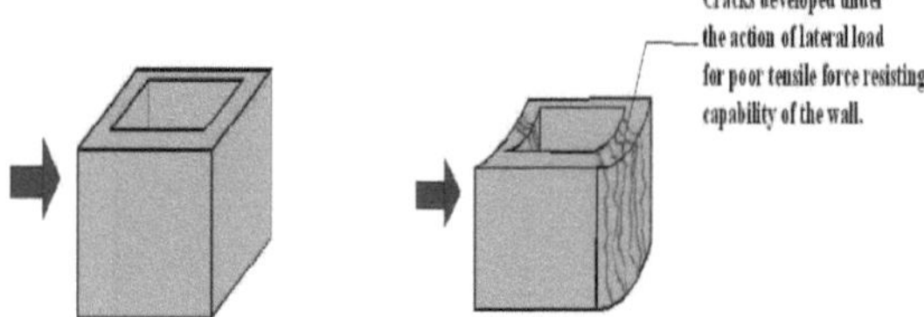

Figura 4.52: Representação esquemática da formação de fissuras em paredes de terra sob carga lateral.

c) <u>Aberturas supérfluas nas paredes:</u> As aberturas de portas e janelas são grandes e demasiado, como mostra a *Fig. 4.53. 4.53.* Este facto aumenta a intensidade da carga sobre a superfície do muro e acelera a possibilidade de colapso em caso de terramoto.

Fig. 4.53: Demasiados buracos numa parede.

d) <u>Falta de telhado, de lintel e de </u>faixa de cave: Faltam os lintéis, o telhado e a faixa de cave necessários para resistir às forças laterais que actuam sobre o edifício.

3. <u>Défice da Fundação:</u>

Não são necessários alicerces para a construção de casas de barro. Apenas o solo é escavado até uma largura de 610 mm a 760 mm, que corresponde à espessura da parede, e depois a parede é erguida. Assim, não existe uma ligação firme entre o edifício e o solo e o edifício pode facilmente ruir devido à forte carga lateral que actua sobre ele.

4. <u>Falta de material de cobertura:</u>

As telhas são pesadas e não existe uma ligação fixa entre a armação do telhado e as telhas.

Se uma carga lateral atuar sobre a casa, podem rachar e causar danos graves.

Danos **conforme ilustrado *na Fig. 4.54. 4.54.***

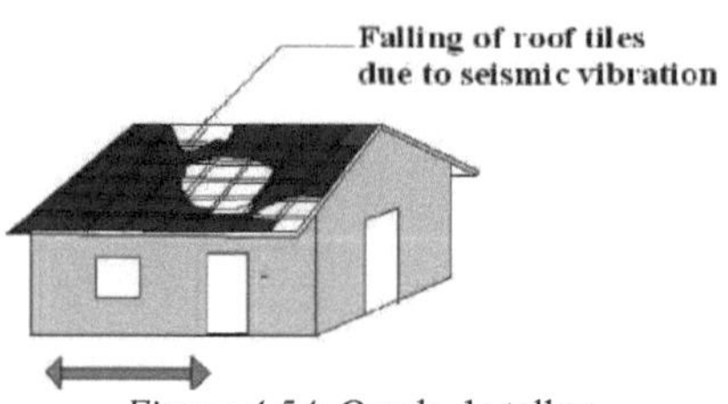

Figura 4.54: Queda de telhas.

4.4.6 Método de reforço de uma casa de tijolo de barro térrea existente com cobertura de telha

A secção seguinte apresenta técnicas de reforço que podem ser utilizadas para remediar as deficiências das casas de adobe existentes:

1. As telhas pesadas devem ser cuidadosamente removidas e substituídas por um material de cobertura leve, como chapa C.I., chapa G.I., etc.
2. Devem ser colocados espaçadores de madeira em cada canto onde as vigas longitudinais e transversais se encontram, como mostra a **Figura 4.55**. Isto permite que as vigas actuem como uma caixa rígida, ajudando a transferir facilmente a carga da viga longitudinal para a viga transversal e reduzindo a probabilidade *de colapso. 4.55.* Isto fará com que as vigas actuem como uma caixa rígida, ajudando a transferir facilmente a carga da viga longitudinal para a viga transversal e reduzindo a probabilidade de colapso

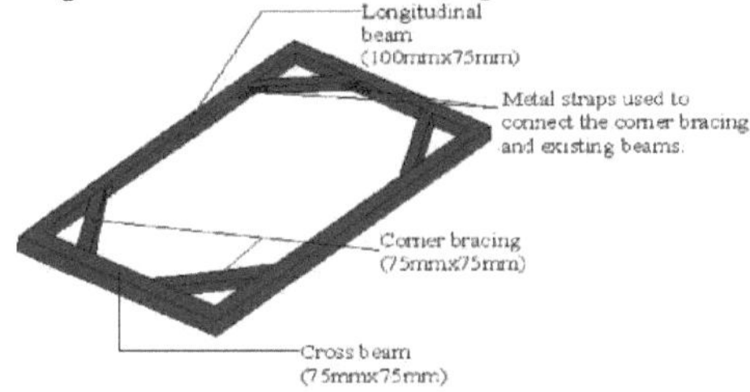

Figura 4.55: Montagem das consolas no canto que liga as vigas longitudinais e transversais.

3. Podem ser utilizados grampos metálicos para ligar as vigas transversais e longitudinais, de modo a proteger a viga transversal de fender a viga longitudinal, como mostra a **Fig. 4.56. 4.56.**

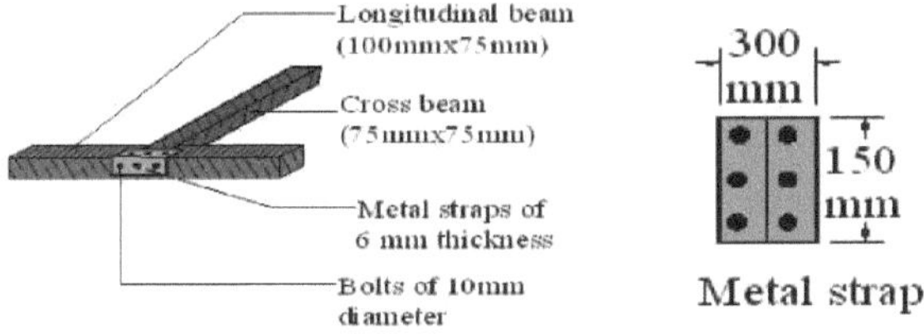

Figura 4.56: Utilização de clipes metálicos para ligar vigas transversais e longitudinais.

Comprimento da parede I.

Largura da abertura da porta = a

Largura de abertura da janela=b (hl,b2,b3.... etc.)

4. As vigas acima da abertura podem ser deslocadas acima da parede sólida, reduzindo a probabilidade de fissuras acima da abertura, *como mostra a Fig. 4.57. 4.57.*

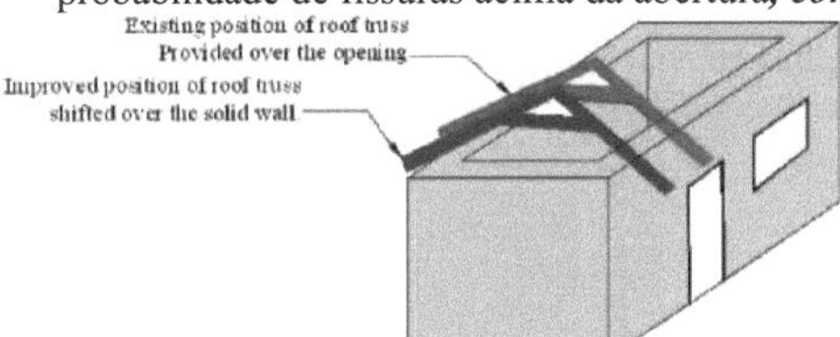

Fig. 4.57: Deslocação da armação do telhado por cima da abertura para outra posição.

5. O número e a dimensão das aberturas podem ser reduzidos fechando algumas delas. Isto aumenta a área da parede e reduz a intensidade de carga da parede, como se mostra na *Figura 4.58. 4.58*. Recomenda-se que a soma das larguras das aberturas não exceda um terço do comprimento total da parede (IAEE, 2004).

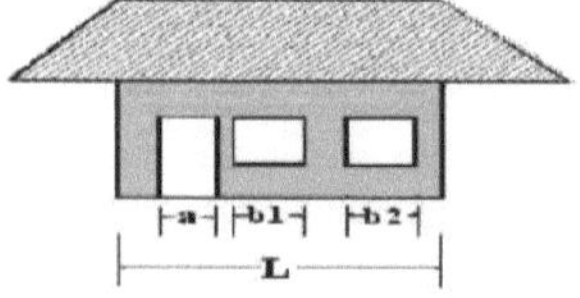

Fig. 4.58: Fecho de aberturas de janelas e portas supérfluas.

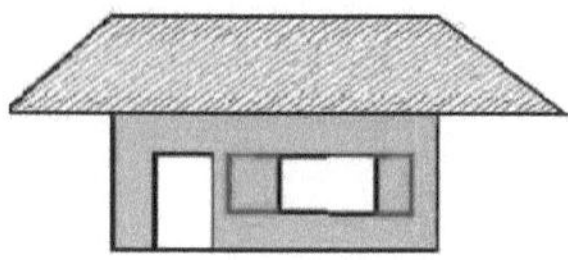

As novas paredes podem ser instaladas transversalmente para reduzir a deformação causada pela

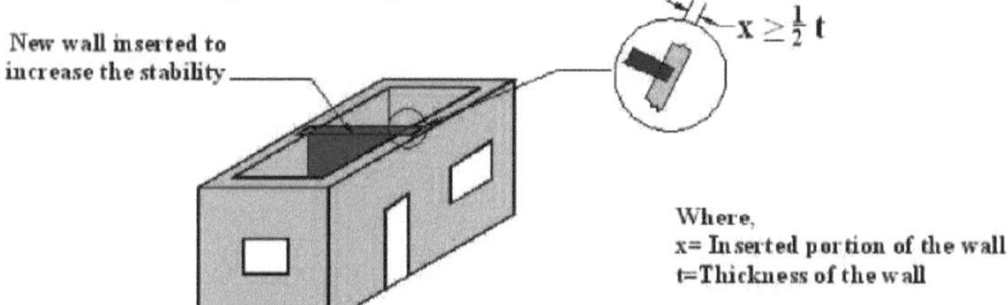

Figura 4.59: Inserção de um novo muro para aumentar a estabilidade lateral do muro

O principal problema da utilização de argila é o risco de penetração de água. As paredes de terra tornam-se moles, perdem a resistência à compressão e, consequentemente, ficam expostas à erosão. Por conseguinte, as paredes de terra são inevitavelmente susceptíveis de se deteriorarem devido à precipitação e à infiltração de água. O cimento pode ser utilizado como aditivo à argila, e a argila misturada com resíduos de betume pode ser utilizada como reboco.

6. Para reforçar as paredes, podem ser fixadas várias varas de bambu no interior e no exterior das paredes. Pode ser utilizada uma base de betão para ancorar as varas de bambu ao nível do solo. São então feitos furos nas paredes para ligar os postes de bambu no interior e no exterior das paredes com cavilhas de bambu e arame, *como mostra a Fig. 4.60(a)*. Espaçadores horizontais são colocados entre as varas de bambu para reduzir a deflexão. No topo da parede, estas varas de bambu são ligadas com meias varas de bambu na forma de uma treliça, como *na Fig. 4.60(b)*.

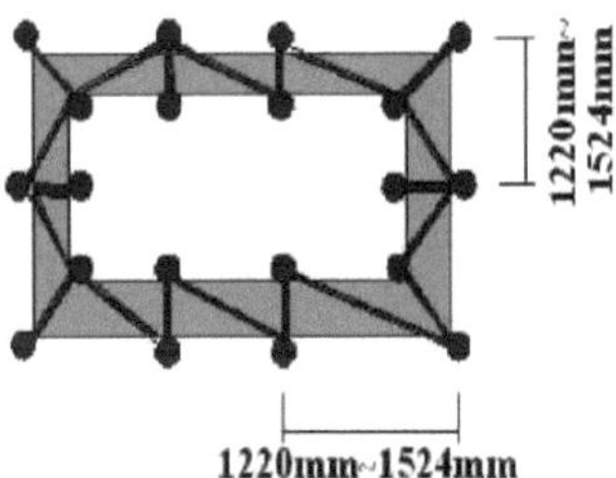

(a) Representação esquemática da utilização de varas de bambu (b) Vista de cima

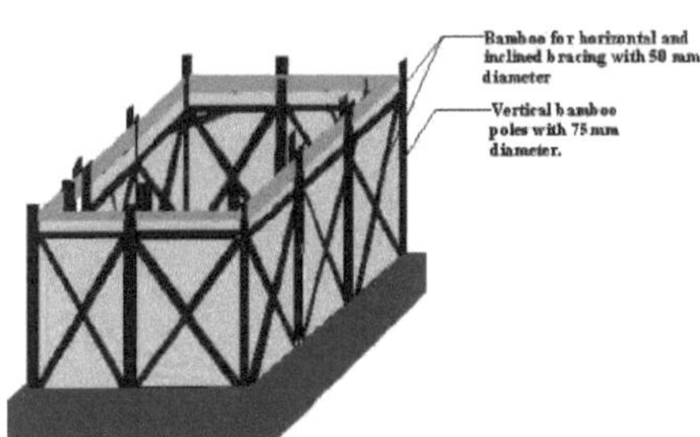

Figura 4.60: Reforço das paredes com varas de bambu.

4.4.7 **Estimativa dos** custos de uma **casa térrea melhorada de tijolo** de barro **com um telhado de telha:** Tendo em conta os preços actuais dos materiais, os custos de uma casa térrea melhorada de tijolo de barro com um telhado de telha são apresentados no *Quadro 4.5.*

Quadro 4.5: Estimativa de custos para uma casa melhorada de tijolo de barro de um piso com um telhado de telha

Sl. Não.	Descrição dos artigos	Quantidade	Curso em tk	Custos em Tk
1.	Lamas de parede	12 cubos	354 taka za kum	Tk 4248.
2.	Madeira para portas e janelas	0,062cum	8828 taka za kum	Tk 550.
3.	Madeira para o sistema de treliça do telhado	0,157cum	10600 Taka por esperma	Tk 1664.
4.	Madeira para vigas longitudinais e transversais	0,122cum	10600 Taka por esperma	Tk 1293.
5.	Painéis C.I. para o telhado	5ban	3 000 taka para a proibição	15000 Taka
6.	Bambu	110 quartos.	50 taka por peça.	5500 Taka
7.	Tábuas de bambu para paredes e portas interiores	3,25 metros quadrados.	54 Tk por metro quadrado.	Tk 175.
8.	Pregos e parafusos	2kg	50 taka por kg	Tk 100.

9.	Fio		2kg	50 taka por kg	Tk 100.
10	Corda		Pacote	20 Taka por pacote	Tk 40.
11	Trabalho	Qualificado	2 pessoas para 7 dias	Tk 230 por pessoa e por dia	Tk 3220
		Pessoal não qualificado	2 pessoas para 7 dias	Tk 150 por pessoa e por dia	2100 Taka
12.	Cimento		2 sacos	Tk 250 por saco	500 taka
13.	Transporte				Tk 1000
14.	No total				Tk 35490

[2] O custo de uma casa de barro melhorada de um andar com um telhado de telha e uma área de chão de 13,94 metros é de Tk 35490 ou US$ 450. O custo de melhorar a casa por 1 metro quadrado de área útil é de Tk 2.546 ou US$ 32.

4.4.8 Projeto de uma casa de barro térrea anti-sísmica com cobertura de telha:

O planeamento de uma nova casa à prova de sismos pode ser feito em duas fases.

1. Cálculo das cargas e dos diferentes componentes da estrutura.
2. Desenvolvimento de diretrizes de design para este tipo de casa.

O procedimento detalhado para a construção de uma nova casa de adobe de um andar resistente a sismos com um telhado de telha é descrito nas Secções 4.4.8.1 e 4.4.8.2.

Na construção de uma nova casa, podem ser utilizadas chapas de C.I. ou qualquer outro material de cobertura leve como cobertura do telhado.

2.1.1.1 Cálculo de projeto para uma casa térrea de tijolo de barro com cobertura de telha:

Para as seguintes propriedades dos materiais, são efectuados cálculos para a conceção de

Espessura do material:

Bambu:

Módulo de elasticidade médio na rutura, $fy=124$ N/mm2

Tensão de tração admissível, $Fs=0,4fy=0,4*124=49,6$ N/mm2

Tensão de compressão admissível, $Fc=0,4fy=0,4*124=49,6$N/mm2

Módulo de elasticidade, $Eb=15168,5$N/mm2

Sujidade:

(de acordo com a BNBC), módulo de elasticidade, $Em=750f'm$

(Tendo em conta as equações utilizadas para determinar o módulo de elasticidade da alvenaria, uma vez que não existem disposições para edifícios de terra no BNBC).

Resistência à compressão assumida, $fm =0,2$N/mm2 (IAEE, 2004)

[2]Para, $fm =0,2$N/mm ; '. $Em=750*0,2=150$N/mm2

$_m$Resistência ao cisalhamento admissível, $v =0,025$ N/mm2 (IAEE, 2004)

$_t$[2]Resistência à tração admissível, $f =0,04$N/mm (IAEE, 2004)

<u>Cálculo de carga:</u>

Carga de vento:

Para Chittagong, a velocidade de base do vento é Vb= 260 km/h (do Quadro-6.2.8, BNBC, 1993)

$_{clb}{}^2$Pressão sustentada do vento, qz=C *C *Cz *V (de acordo com BNBC, secção 2.4.6.2)

Aplica-se o seguinte: qz = pressão sustentada do vento à altura z, KN/m^2

CI=coeficiente de importância da estrutura=1,00 (de acordo com a BNBC, Quadro - 6.2.9)

Cc=fator de conversão de velocidade em pressão=47,2E-6

Cz=coeficiente combinado de altura e exposição=0,801 (de acordo com BNBC, Tabela - 6.2.10)

Vb=velocidade do vento principal em km/h da secção 2.4.5

$_z$Pressão sustentada do vento, q =0,801*47,2E-6*1,00*2602=2,56KN/m2

Pressão de projeto do vento, Pz=CG*Cp*qz (de acordo com BNBC, secção 2.4.6.3)

Em que Pz = pressão de projeto do vento à altura z, KN/m2

CG=coeficiente de gustação=1,321 (BNBC, Secção-2.4.6.6, Quadro-6.2.11)

Cp= Coeficiente de pressão para estruturas (BNBC, secção 2.4.6.7)

Para paredes e telhados virados para o vento,

Para a parede, Cpe=0,8 (BNBC, Figura -6.2.5),

Pressão do vento calculada, Pz=1,321*0,8*2,56=2,705 KN/m

Para a cobertura, Cpe=0,3 (normal à cumeeira) (BNBC, Figura -6.2.5),

Pressão do vento calculada, Pz=1,321*0,3*2,56=1,015 KN/m

Para a parede de sotavento e o teto,

Cpe= -0,5 aplica-se à parede (BNBC, Figura -6.2.5),

Pressão do vento calculada, Pz=1,321*(-0,5)*2,56= -1,69 KN/m^2

Cpe= -0,7 aplica-se à cobertura (BNBC, Figura -6.2.5),

Pressão do vento calculada, Pz=1,321*(-0,7)*2,56= -2,37KN/m^2

Exposição a sismos:

Deslocamento da base, V= (ZIC/R)*W (de acordo com BNBC, secção 2.5.6.1)

Onde, Z= Coeficiente de zona sísmica=0,15 (para Zona-2) (de acordo com BNBC, Tabela-6.2.22)

I= coeficiente de significância estrutural=1,00 (de acordo com a BNBC, Tabela 6.2.23)

R= Fator de Modificação da Resposta =6,00 (de acordo com BNBC, Tabela6.2.23)

W= carga sísmica total de acordo com o BNBC, secção 2.5.5.2

C= Coeficientes numéricos (1,25S)/T %

S= Fator de local para propriedades do solo (de acordo com BNBC, Tabela-6.2.25)

T= período de oscilação fundamental (de acordo com a BNBC, secção 2.5.6.2) = Ct (hn) %

Ct= 0,049 (BNBC, secção 2.5.6.2)

hn = altura em metros acima da superfície de base até ao nível n = 1,83 m.

Isto significa que T=0,08 segundos e C=6,9

(De acordo com a BNBC, a mudança de base deve ser multiplicada por 1,5),

Deslocação da base, V=1,5(ZIC/R)*W

<u>Carga morta:</u>

Carga superficial C.I.Sheet=0,12 KN/mm^2

Carga através do sistema de treliças do telhado = 8 KN/m^3

Peso morto da parede =19,0 KN/m

Área útil =13,94 metros quadrados.

Comprimento total do muro = 13,412 m

Carga morta total da parede=19*13,412*0,457*1,83=213,12 KN

Carga morta total da cobertura =5,3036 KN

Peso morto total = 218,43 KN

<u>Carga viva:</u>

Carga viva na cobertura =0,8 KN/m^2

Carga viva assumida na parede=25KN

Projeto de fundação:

Vamos supor que o solo é do tipo franco-arenoso,

Capacidade de suporte de carga do pavimento, qnu =150KN/m2

Ângulo de atrito interno, f = 30°

Assume-se que o fator de segurança F.S. =3,0.

Capacidade de carga admissível do pavimento, q=150/3=50KN/m2

<u>Largura da fundação</u>

Gesamte Wandbelastung=4,572*1,83*19*0,457+25,0=72,65+25=98KN

Distribuição da parede = 98/4,572=21,43 KN/m

Largura da fundação, Bf (min)=21.43/50=0.429m~450mm

Profundidade da fundação:

Profundidade mínima da fundação, Df (min) = (qnu /y)*{(1 -ztf)/ (1+ztf)} 2

$$= (150/19)*\{(1-\sin30°)/1+\sin30°)\} 2$$

$$=0,870m=870mm$$

Design de parede deslizante:

Peso próprio total, W=218,43 KN

Posição inclinada da base, V=1,5(ZIC/R)*W=56,51KN

Não esquecer que a armadura deve resistir a todas as forças de corte.

Resistência máxima admissível ao corte, vm=0,025N/mm^2

[Assumindo 12 peças de aros de bambu feitos de varas de f~75 mm com uma espessura de parede de ~6,5 mm].

O tamanho do reforço é (19,64mmX 6,5mm)

^{22}Av= 1/12*{l/4*(75) -(62) } =116,57 mm^2

Distância entre os reforços:

S= (Av*Fs)/ (vm *b) = (116,57*49,6/ (0,025*450) =514 mm

Aplica-se o seguinte: Smax=b/2 =450/2 =225 mm; Smax=600 mm Portanto S=225 mm,

Com o reforço vertical, a distância deve ser mantida o mais pequena possível,

Smax=b/2 =450/2 =225 mm; Smax=600 mm

Profundidade efectiva necessária da parede, d= V/ (vm *b)= (56,51*1000)/(.025*450)= 5024 mm

Utilize duas paredes em ambas as direcções (uma para cada parede exterior).

L= d/2+100 (100 mm da camada de reforço num dos lados) = 5024/2+100=2612 mm

Por conseguinte, é suficiente fornecer armaduras de bambu em intervalos de 225 mm em ambas as direcções ao longo da parede.

2.1.1.2 Orientações para a conceção de uma casa de barro de um só piso, resistente a sismos e com cobertura de telha:

Quando se constrói uma nova casa de adobe resistente a sismos, deve prestar-se especial atenção a este aspeto. Abaixo encontrará um guia para a construção de uma nova casa de barro de um só piso, resistente a sismos, com um telhado de chapa de C.I:

1. <u>Fundação:</u>

a) A argila, o principal material de construção de uma casa de barro, é naturalmente frágil, tem pouca resistência e uma grande afinidade com a água. Este método de construção deve, portanto, ser proibido em zonas com solos arenosos soltos ou com argila mal compactada. Os edifícios construídos sem precauções especiais correm o risco de assentamento irregular em caso de vibrações sísmicas.

b) A largura mínima da base das paredes pode ser a seguinte:
Um andar em piso sólido - de acordo com a espessura da parede

Um piso em solo macio - 1,5 vezes a espessura da parede

A profundidade da fundação abaixo do *nível* do solo deve ser de pelo menos 900 mm, *como mostra a Fig. 4.61. 4.61.*

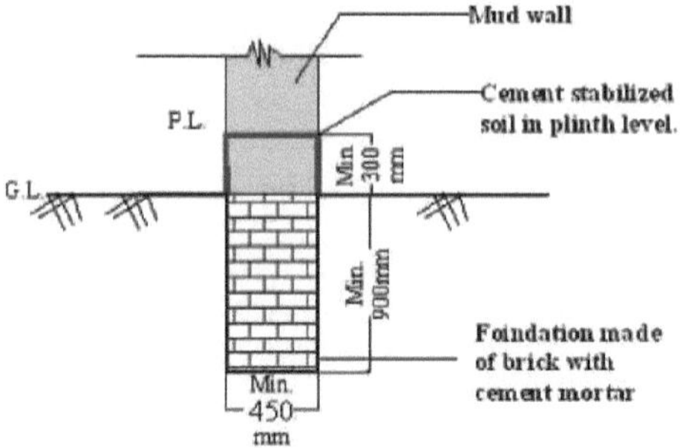

Fig. 4.61: Secção transversal através da fundação

c) A fundação deve ser construída com tijolos sobre argamassa de cimento, como mostra a *Fig. 4.61. 4.61.*

d) A parede ao nível do plinto deve, de preferência, ser feita de tijolos com argamassa de cimento. A altura do plinto deve estar acima da linha de água alta ou, pelo menos, 300 mm acima do nível do solo. Se não forem utilizados tijolos, pode ser utilizado eficazmente solo estabilizado com cimento. A utilização de reboco de argamassa de cimento ao nível do plinto também reduzirá o impacto da água no edifício, *como mostra a Fig. 4.61.*

2. A parede:

As paredes podem ser reforçadas, geralmente com armadura vertical e

riscas horizontais.

a) **Reforço vertical das paredes:** Existem dois tipos de reforço vertical que podem ser utilizados em muros de terra. Estes dois tipos são descritos de seguida.

i. Rede de bambu: As paredes podem ser reforçadas com uma rede de bambu. Esta rede de bambu é feita ligando as lâminas verticais de bambu às lâminas horizontais em cada ponto da sua ligação com arame. A rede de bambu é ligada à viga de colarinho *como mostra a Fig. 4.62. 4.62.*

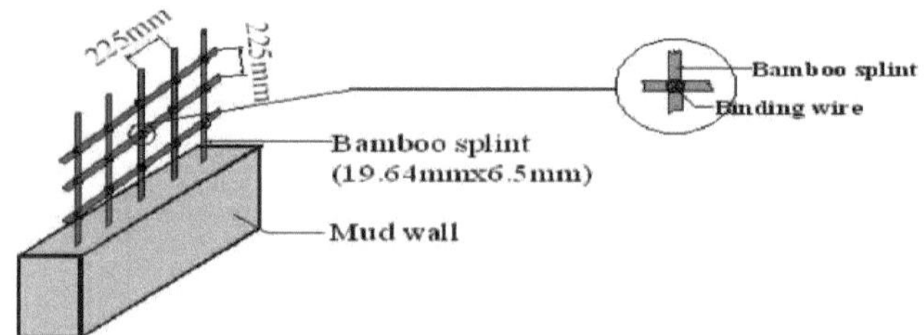

Fig-4.62: Use of bamboo mesh within the wall.

ii.Postes verticais: Outra forma de reforço vertical são os postes. Os postes podem ser feitos de bambu, madeira, etc. Os postes são colocados nos cantos e nas junções das paredes. Devem começar ao nível da fundação, continuar e ser fixados aos lintéis e às ripas do telhado com cordas, *como mostra a Fig. 4.63. 4.63.*

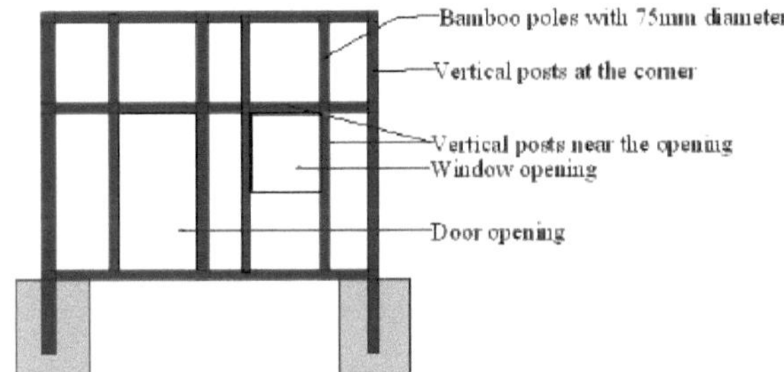

Fig. 4.63: Postes verticais no canto e perto da abertura, ligados com cintas horizontais.

c) **Faixas horizontais:** Devem ser instaladas duas vigas ou faixas horizontais contínuas de reforço e ligação, uma coincidindo com os lintéis das aberturas de portas e janelas e a outra em todas as paredes diretamente sob o telhado. As vigas devem ser unidas em ângulo reto nos cantos e as juntas devem ser reforçadas. Os lintéis podem ser omitidos nas casas de um só piso. Os lintéis podem ser concebidos nas seguintes formas

i. Uma única barra pode ser dotada de elementos diagonais para fixação num canto, *como mostra a Fig. 4.64. 4.64.*

Duas peças de madeira podem ser colocadas paralelamente à direção longitudinal da parede. As vigas são cortadas em ranhuras nos cantos para segurar as vigas colocadas na direção curta, *como mostra a Figura 4.65. 4.65.*

Fig. 4.65: Fixação horizontal com duas barras paralelas num canto.

3. **Telhados:** Os telhados são constituídos por duas partes principais: a estrutura e o revestimento. A estrutura do telhado deve ser leve, bem ligada e adequadamente ligada às paredes. Seguem-se algumas caraterísticas dos materiais de cobertura.

i. A cobertura do telhado deve ser de preferência feita de material leve, como chapa C.I., chapa G.I., etc.

ii. As vigas ou caibros do telhado não devem ser instalados diretamente sobre as aberturas de portas ou janelas sem um lintel reforçado.

4.4.9 Estimativa do custo de uma nova casa de tijolo de barro de um andar, anti-sísmica, com um

Telhado de telha

Os custos de uma nova casa de tijolo de barro de um andar, à prova de sismos, com um telhado de telha, são apresentados no *Quadro 4.6*, tendo em conta os preços actuais dos materiais.

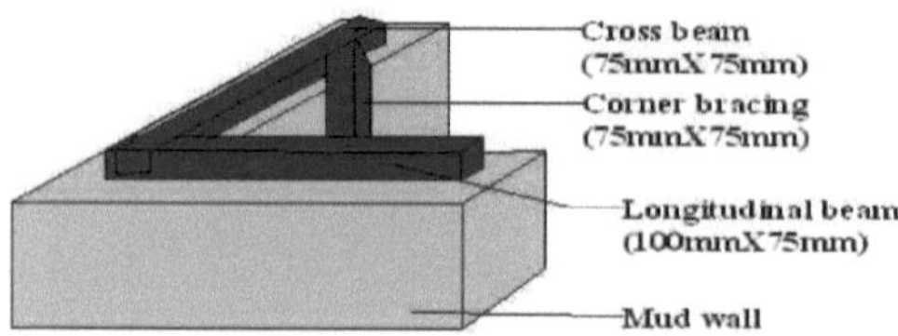

Fig-4.64: Horizontal band with corner bracing.

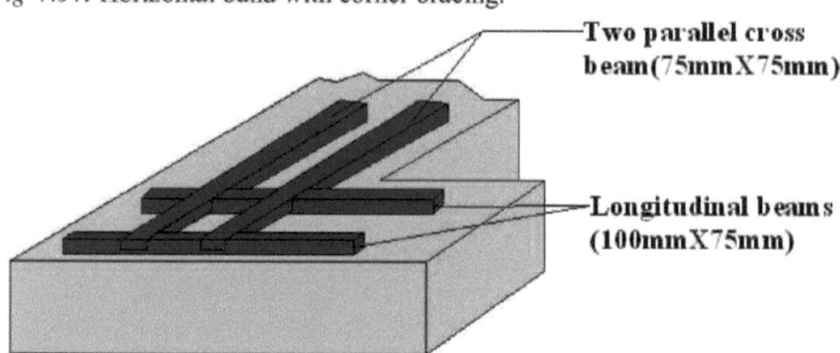

Tabela 4.6: Estimativa de custos para uma casa de tijolo de barro de um andar resistente a sismos com telhado de telha

Sl. Não.	Descrição da		Quantidade	Curso em tk	Custos de Tk
1.	Lamas de parede		15 metros cúbicos	354 taka za kum	Tk 4248.
2.	Madeira para vagas		0,062cum	8828 taka za kum	Tk 550.
3.	Madeira para o sistema de treliça do telhado		0,171cum	10600 Taka por esperma	Tk 1664.
4.	Madeira para vigas		0.15cum	10600 Taka por esperma	Tk 1293.
5.	Painéis C.I. para o telhado		5 Proibições	3000 taka para a proibição.	15000 Taka
6.	Varas de bambu		205 quartos.	50 taka por peça.	Tk 10250.
7.	Tagarelas de bambu		3,25 metros quadrados.	54 Tk por metro quadrado.	Tk 175.
8.	Parex		2kg	50 taka por kg	Tk 100.
9.	Fio		2kg	50 taka por kg	Tk 100.
10	Corda		Pacote	20 Taka por pacote	Tk 40.
11	Trabalho	Qualificado	2 pessoas por 15 dias	Tk 230 por pessoa e por dia	Tk 3220
		Pessoal não qualificado	3 pessoas para 15 dias	Tk 150 por pessoa e por dia	2100 Taka

12.	Cimento	5 Bolsas	Tk 250 por saco	Tk 500
13.	Areia	0,41 cum	800 Taka por esperma	Tk 328.
14.	Tijolo	400 quartos.	5 Taka por peça	Tk 2000
15.	Transporte			Tk 1000
16.	No total			Tk 41600.

[2]O custo de uma nova casa de barro de um andar, resistente a terramotos, com um telhado de telha de 13,94 metros é de Tk 41600 ou US$ 520. O custo de construção de uma nova casa de 1 metro quadrado é de Tk 2984 ou US$ 40.

4.4.10 Comparação de custos

A Figura 4.66 **mostra** uma comparação do custo de uma casa existente, moderadamente resistente a sismos, e uma nova casa de barro de um andar com um telhado de telha. *4.66*. Cerca de 60% do custo de construção da casa existente é necessário para o reforço sísmico, enquanto o custo de uma nova casa resistente a sismos é duas vezes mais elevado do que o custo de construção de uma casa de barro de um piso existente com um telhado de telha.

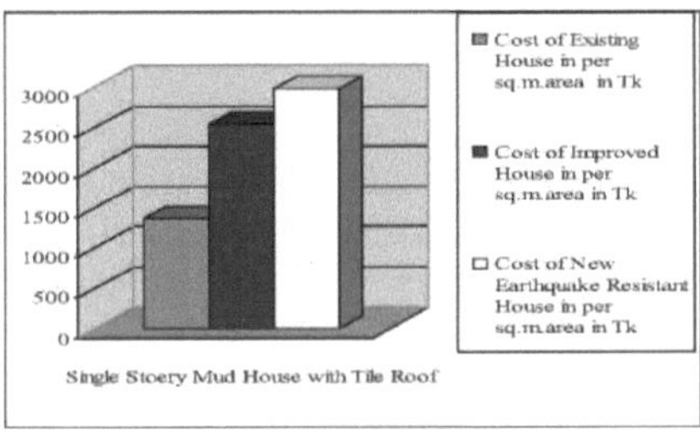

Figura 4.66: Comparação de custos

4.5 Casa de dois pisos em tijolo de barro com telhado de chapa de aço C.I.

Este tipo de casa de tijolo de barro é encontrado em número moderado na área e é mostrado na *Figura 4.67. 4.67*. A maior parte delas encontra-se nas aldeias de Dewanpur e **Pahartoli**. Este tipo de casa requer uma atenção especial devido à sua altura excessiva e ao seu elevado grau de utilização.

Fig. 4.67: Casa existente de dois pisos em tijolo de barro com telhado de estanho C.I.

4.5.1 Material utilizado para a construção:

Os seguintes materiais são necessários para construir uma casa de barro de dois andares com um telhado de chapa de C.I.

i.   Mistura de lama. (Mistura completa de argila, areia, estrume de vaca e palha)

ii. Painéis C.I. para o telhado

iii. Madeira: a) Para asnas de telhado:

        1) Estrado (50mmX25mm)

        2) Vigas, vigas de colarinho (64mmX50mm)

        3) Travessa (75 mmX75 mm) e

        4) Barra lateral (100 mm X75 mm)

    b) Para portas e janelas (64 mmX64 mm), (50 mmX64 mm).

    c) Para vigas de pavimento no primeiro andar (150 mmX100 mm)

iv. Chão de bambu no primeiro andar.

4.5.2 Sequência de construção:

i. Construção de paredes:

a) ***Para*** construir um rodapé com a altura desejada (457 mm a 762 mm), a terra é aterrada até uma altura de 610 mm a 914 mm e compactada como mostra a ***Fig. 4.68. 4.68.***

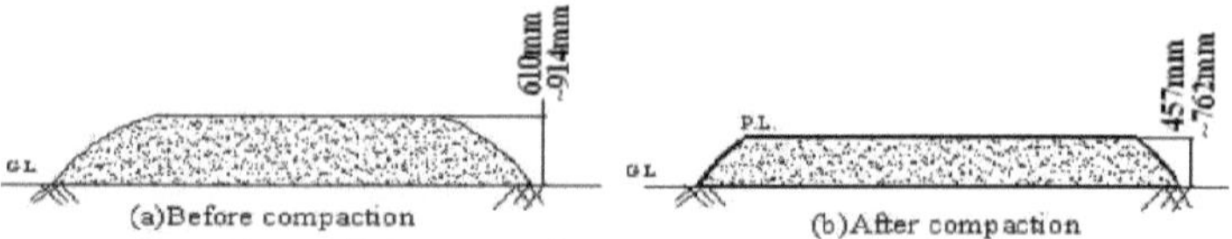

Fig. 4.68: Estrutura da cave

b) É então escavada uma vala à volta da casa com uma largura igual à espessura da parede e uma profundidade de 457 mm a 610 mm, como mostra a ***Figura 4.69. 4.69.***

c)

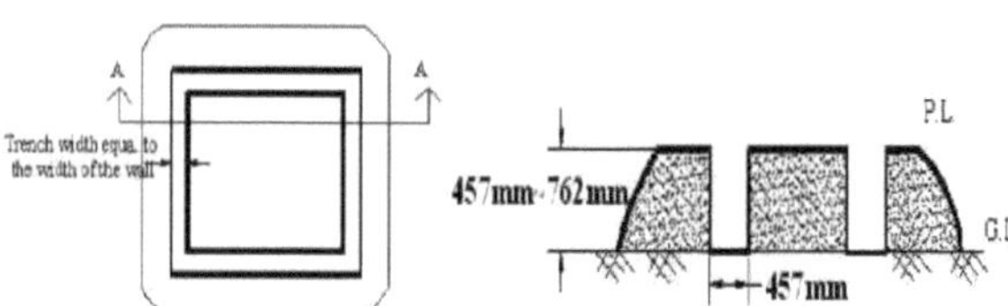

Figura 4.69: Escavação da vala à volta do perímetro da casa.

d) A cofragem de madeira é colocada em ambos os lados da vala. Mistura-se bem a terra argilosa, a areia, a palha e o estrume de vaca. A mistura é então colocada na cofragem e compactada. Cada uma das paredes é elevada a uma altura mínima de 914 mm, ***como mostra a Fig. 4.70.***

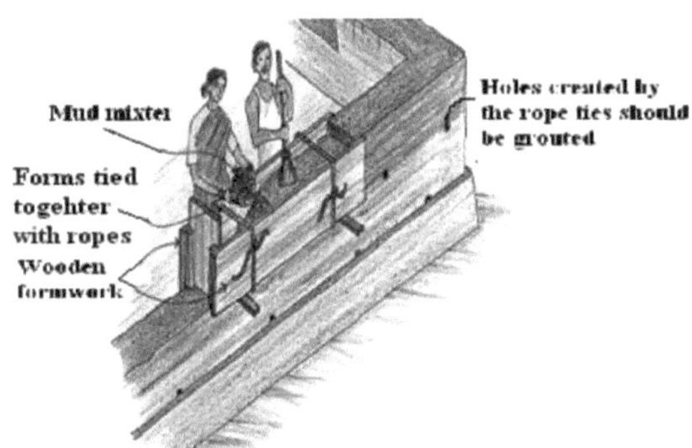

Figura 4.70: Construção do muro *(Fonte: Ahmed, 2005)*

e) Em seguida, deixa-se secar durante 2-3 dias e repete-se o processo até se atingir a altura de construção desejada.

f) As vigas de madeira são então colocadas sobre a parede na direção curta, com a distância entre duas vigas consecutivas entre 914 mm e 1220 mm, *como mostra a Fig. 4.71. 4.71.*

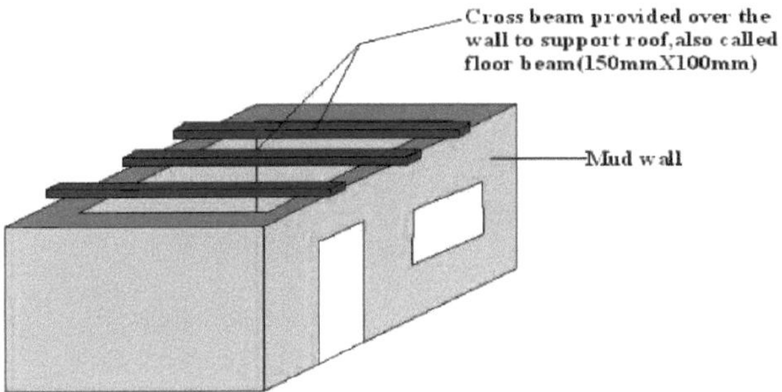

Figura 4.71: Viga transversal no primeiro andar.

f) O bambu trançado (conhecido localmente como bambu chati) é colocado sobre as vigas para suportar o chão do primeiro andar.

g) A lama é depois vertida sobre a rede de bambu para construir o chão.

h) Quando o pavimento estiver seco, elevar a parede até à altura pretendida, utilizando o procedimento descrito acima para terminar a parede *como indicado na Figura 4.71. 4.71.*

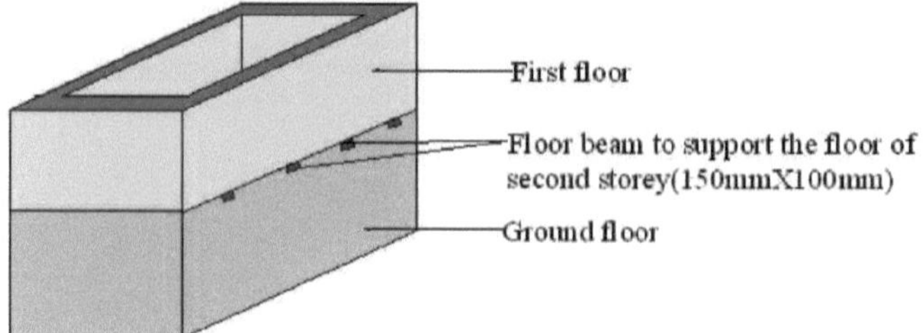

Figura 4.71: Estrutura do piso térreo.

<u>Construção de aberturas:</u>
Existem dois tipos de aberturas em todas as casas: a) portas e b) janelas.

a) **Portas:** As portas podem ser construídas de duas maneiras.

1. <u>Aberturas de portas à mesma altura que a parede:</u> Se as aberturas de portas estiverem <u>previstas</u> à mesma altura que a parede, a construção da parede é terminada no local das aberturas de acordo com as suas dimensões. Os caixilhos das portas são então instalados *como mostra a Figura 4.72(a)*.

2. <u>Aberturas de portas cuja altura é inferior à altura da parede:</u> Se a altura das aberturas das portas for inferior à altura da parede, coloca-se uma prancha de madeira por cima da abertura e enterra-se 150 mm de ambos os lados. A construção da parede é então continuada, com a abertura *como na Fig. 4.72(b)*.

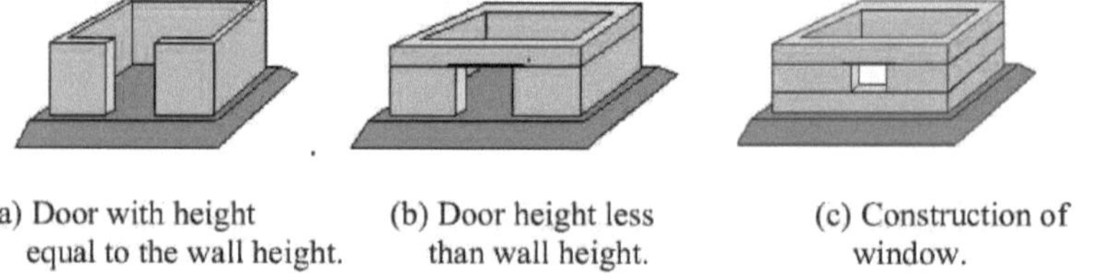

(a) Door with height equal to the wall height.

(b) Door height less than wall height.

(c) Construction of window.

Fig. 4.72: Construção de aberturas.

b) **Janelas:** As paredes são primeiro levantadas até à altura do peitoril da janela e depois fechadas no local da abertura. Quando as paredes são erguidas até ao topo da janela, são colocadas vigas de madeira sobre as aberturas com 150 mm de embutimento em ambos os lados. O resto da parede é então erguido como *mostra a Fig. 4.72(c). 4.72(c).*

iv. **<u>Construção do telhado:</u>**

a) Para construir o telhado, as vigas de madeira são primeiro fixadas longitudinalmente acima da parede. Estas vigas são embutidas 50 mm a 75 mm na parede, *como mostra a Fig. 4.73. 4.73.*

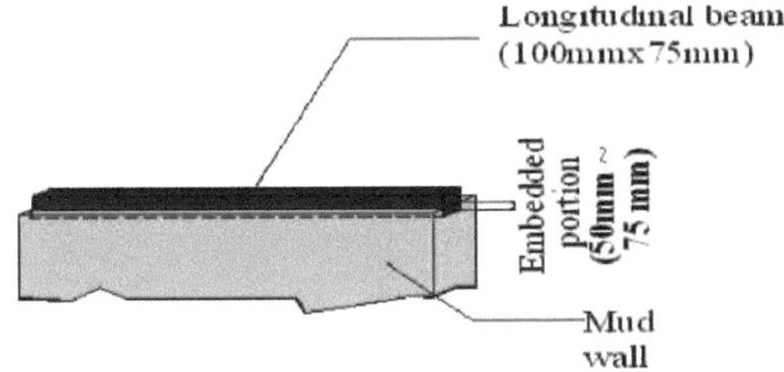

Fig. 4.73: Posicionamento da viga longitudinal sobre o muro

b) Na viga longitudinal, são efectuadas ranhuras com uma distância de centro a centro de 914 mm a 1220 mm, como mostra a *Fig. 4.74. 4.74.*

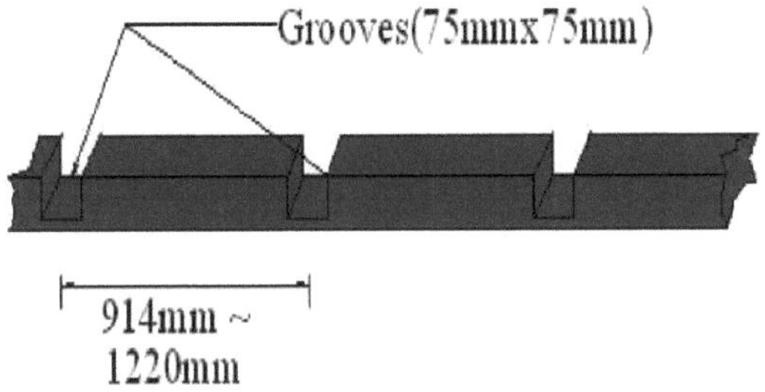

Fig. 4.74: Ranhuras na barra lateral

c) As travessas são instaladas nas ranhuras previamente cortadas na longarina lateral, como mostra a *Fig. 4.75.*

Barra transversal

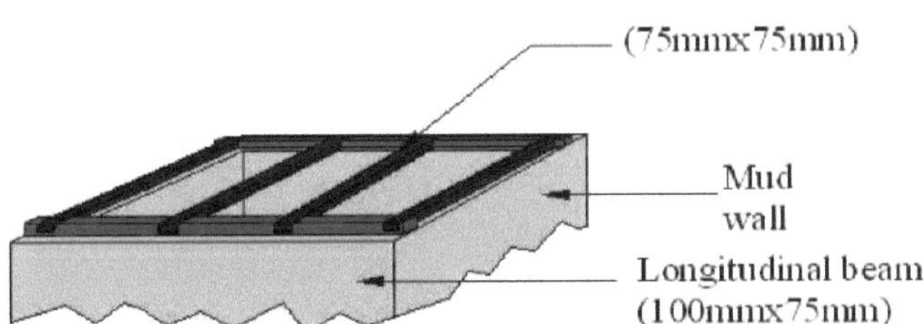

Figura 4.75: Posicionamento da barra transversal por cima da barra lateral

As asnas de cobertura são então colocadas sobre a viga longitudinal e pregadas a esta. Verificou-se que as asnas de cobertura nem sempre são colocadas diretamente sobre as vigas transversais, como mostra a *Fig. 4.76. 4.76.*

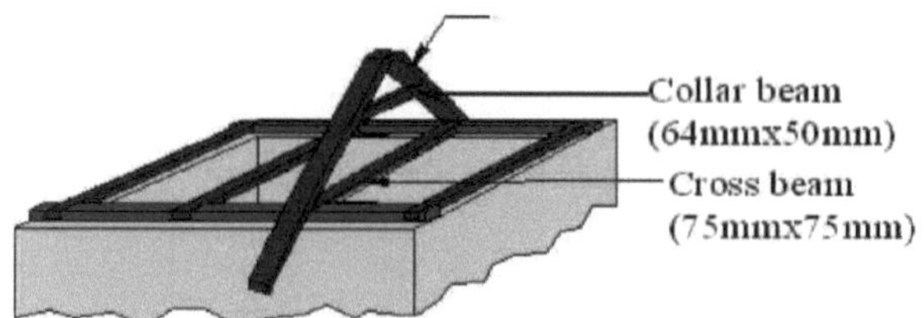

Figura 4.76: Colocação da treliça de madeira.

d) As tábuas de IC são então colocadas sobre as asnas e fixadas com pregos e parafusos, *como mostra a Fig. 4.77. 4.77.*

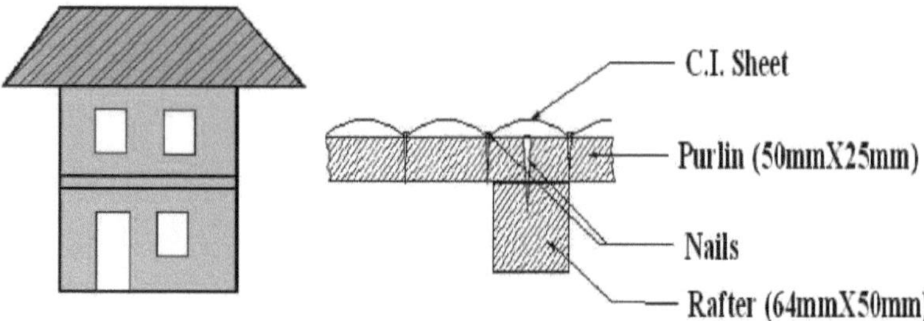

Fig. 4.77: Fixação da laje C.I. por cima da armação do telhado.

4.5.3 Projeto estrutural de uma casa de tijolo de barro de dois andares existente com cobertura de chapa metálica:

A planta da casa de tijolo de barro de dois andares existente, com um telhado de estanho, é apresentada na *Fig. 4.78. 4.78* e uma secção da casa na *Fig. 4.79.*

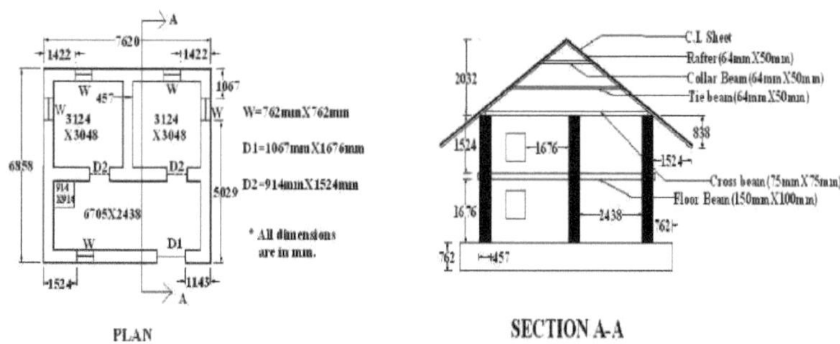

Fig. 4.78 e Fig. 4.79: Planta e secção da casa de tijolo de barro de dois andares existente

As vigas de madeira utilizadas para a construção do telhado são mostradas na *Fig. 4.80. 4.80.*

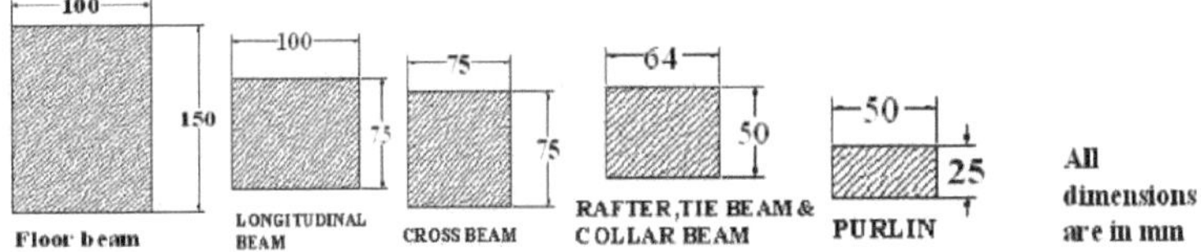

Fig. 4.80: Secção transversal de uma viga de madeira para a estrutura do telhado.

4.5.4 Avaliação de uma casa de barro de dois andares existente com C.I. Telhado de lata:

Tendo em conta os preços actuais dos vários materiais, foram estimados os custos totais para a casa de tijolo de barro de dois andares com um telhado de chapa metálica apresentada nas *Fig. 4.77 e Fig. 4.77. 4.77 e Fig. 4.78,* foram estimados e estão resumidos no *Quadro 4.7.*

Quadro 4.7: Estimativa de custos para uma casa geminada existente feita de tijolos de barro com um telhado de chapa metálica

Sl.no.	Descrição dos artigos		Número de artigos	Curso em tk	Custos em BDT
1.	Lamas de parede		73,75 cum.	354 taka za kum	Tk 26110
2.	Madeira para portas e janelas		0,12 cum	8828 taka za kum	Tk 1060.
3.	Madeira para o sistema de treliça do telhado		0,272cum	10600 Taka por esperma	Tk 2890.
4.	Madeira para vigas		0,567 cum	10600 Taka por esperma	Tk 6010
5.	Painéis C.I. para o telhado		10 Proibições	3 000 taka para a proibição	30000 Taka
6.	Chapas metálicas para portas e janelas		3,21 metros quadrados.	3231 taka por metro quadrado.	Tk 1063.
7.	Lancis, pregos e parafusos		2,5 kg	50 taka por kg	Tk 125.
8.	Fio		2kg	50 taka por kg	Tk 100.
10	trabalho é.	Qualificado	5 narizes durante 30 dias	230 Taka por pessoa	34500 Taka
		Pessoal não qualificado	7 narizes durante 30 dias	150 Taka por pessoa	31500 Taka
11.	Custos de transporte				Tk 2000
12.	No total				Tk 135358

[2]O custo total da casa existente de tijolo de barro de dois andares com telhado de estanho de

52,26 m é de Tk135358 ou US$1700. O custo unitário da casa por metro quadrado é de Tk2590 ou US$35.

4.5.5 Defeitos estruturais numa casa de barro existente de dois andares com cobertura de chapa metálica:

1. **Desvantagens da construção do telhado:**

a) <u>Sem vigas e sem ligação rígida entre a parede e a viga:</u> Do método de construção descrito acima, pode ver-se que não há vigas nos cantos das paredes e que as vigas se apoiam simplesmente na parede, *como mostra a Fig. 4.81, ou estão ligeiramente encastradas na parede. 4.81*, ou ligeiramente encastradas na parede. Estas vigas servem para escorar a treliça da cobertura. Se lhes for aplicada uma carga lateral, estas vigas podem falhar e provocar o colapso do sistema de treliças da cobertura, resultando em danos graves para a casa, *como mostra a Fig. 4.82*.

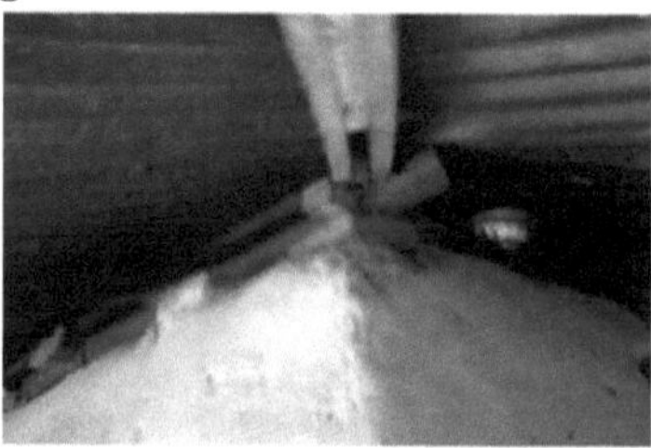

Fig. 4.81: Ligações existentes de paredes e vigas.\

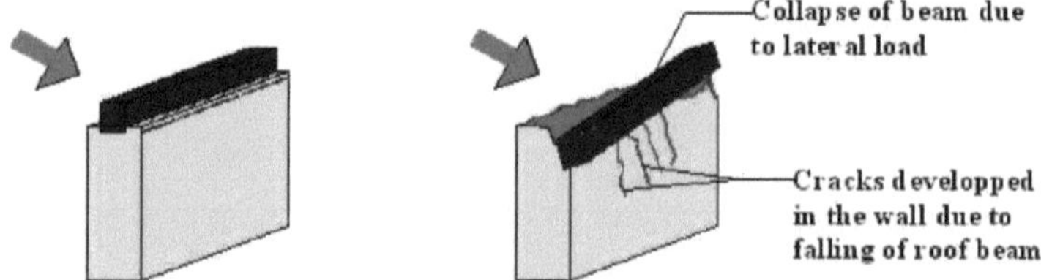

Figura 4.82: Ligação defeituosa entre parede e viga.

b) <u>Má ligação entre as vigas longitudinais e transversais:</u> As vigas de madeira no topo da parede não têm uma ligação rígida entre elas no canto da parede. Apenas existem ranhuras nas vigas longitudinais para acomodar a viga transversal. Em caso de fortes vibrações sísmicas, estas vigas transversais de madeira podem separar-se nas ranhuras e colapsar, *como mostra a Fig. 4.83*.

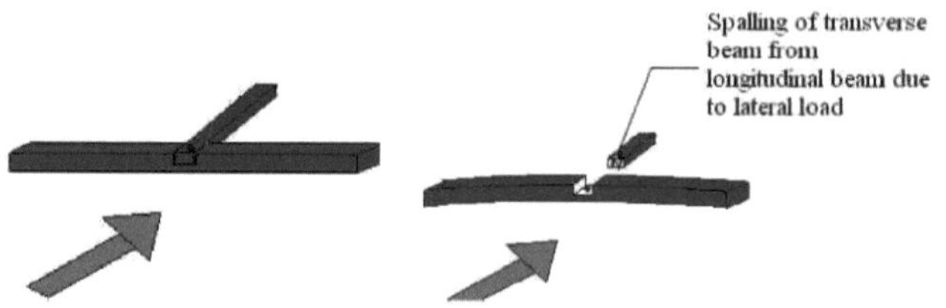

Figura 4.83: Separação da viga transversal da viga longitudinal.

c) Posicionamento incorreto da asna de cobertura: Por vezes, a asna de cobertura pode ser posicionada acima da abertura, *como mostra a Fig. 4.84. 4.84*. As cargas transferidas da cobertura para a parede criam tensões na parte superior da abertura. Como a parede é feita de material frágil, formam-se fissuras na abertura, *como mostra a Fig. 4.85*.

Figura 4.84: Disposição atual da asna do telhado por cima da abertura.

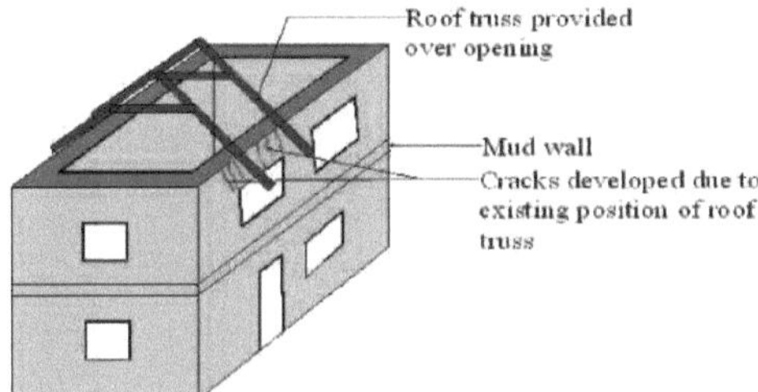

Figura 4.85: Fendas causadas pela colocação da asna do telhado acima da abertura.

2. Um erro na construção do muro:

a) O peso da construção: Em geral, a espessura das paredes das casas de tijolo de barro varia entre 457 mm e 914 mm. Este facto aumenta o peso da construção.
De acordo com o BNBC, o cisalhamento básico $V = (ZIC/R)*W$. Onde W é o peso do edifício.

A equação acima mostra que, à medida que o valor de W aumenta, a magnitude da força de corte que actua na estrutura também aumenta. No entanto, o material utilizado para construir as paredes é inerentemente frágil e toda a estrutura não dispõe de um sistema que a proteja das forças laterais. Por conseguinte, o edifício desmoronar-se-á sob a ação da força sísmica.

b) Baixa resistência à tração das paredes: Embora as paredes utilizadas numa casa de barro possam suportar a pressão, são muito fracas em termos de tensão. Por isso, durante um terramoto, formam-se muitas fissuras na parede, *como mostra a Fig. 4.86*, e pode ocorrer o colapso. Uma vez que a força lateral exerce compressão no exterior da parede, que está na direção da força, e tensão no interior da parede, formam-se fissuras que causam danos a toda a estrutura.

Figura 4.86: Imagem existente dos danos causados pelo terramoto em Devanpur.

c) <u>Aberturas supérfluas nas paredes:</u> As aberturas de portas e janelas são demasiado numerosas e demasiado grandes, ***como mostra a figura 4.87. 4.87.*** Isto aumenta a intensidade da carga na superfície da parede e acelera a possibilidade de colapso em caso de terramoto.

Fig. 4.87: Abertura excessiva da parede.

d) <u>Ausência de telhado, de lintel e de cinta de cave:</u> Faltam lintéis, telhado e cinta de cave, que são necessários para resistir às forças laterais que actuam sobre o edifício.

e) <u>Paredes demasiado altas:</u> A altura das paredes utilizadas neste tipo de habitação situa-se entre 3048 mm e 3658 mm. Estas paredes altas causam uma maior deflexão no topo durante o abalo sísmico, ***como mostra a Fig. 4.88***, durante o abalo sísmico e aceleram o colapso da casa.

f)   Entre elas existe uma ligação. Se uma força lateral atuar sobre a parede, esta pode facilmente desprender-se da parede e causar danos graves ou mesmo o colapso de toda a estrutura, ***como na Fig. 4.89.***

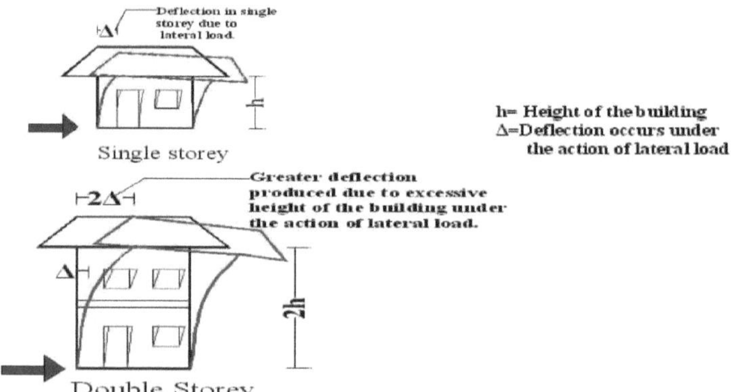

Fig. 4.88: Uma parede de um edifício de dois andares demasiado alta provoca grandes

deformações

g) <u>Instalação de vigas de pavimento sem apoio rígido:</u> Ao construir o primeiro andar de uma casa, as vigas transversais são apoiadas na parede e não são

h)

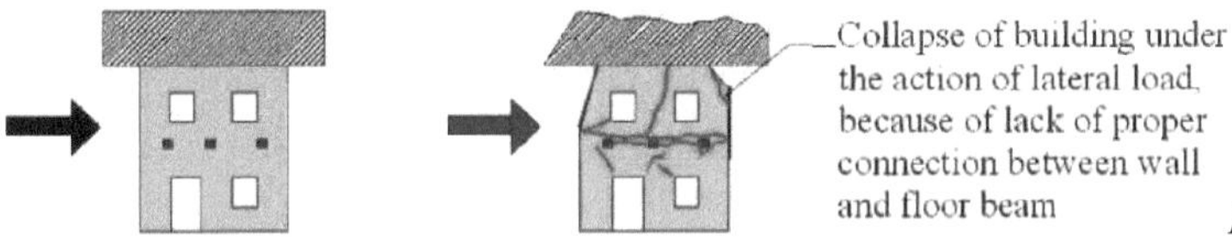

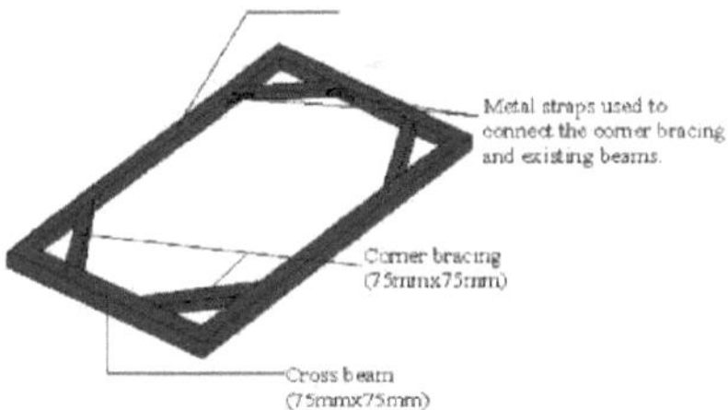

Figura 4.89: Colapso de um edifício de dois andares em consequência de um sismo.

3. Défice da Fundação:

Não são necessários alicerces para a construção de uma casa feita de barro. Apenas o solo é escavado até uma largura de 610 mm a 762 mm, que corresponde à largura da parede, e depois a parede é erguida. Isto significa que não existe uma ligação fixa entre o edifício e o solo e que o edifício pode facilmente ruir devido à forte carga lateral que actua sobre ele.

4.5.6 Técnica de reforço da casa de tijolo de barro de dois andares existente com cobertura de chapa metálica

Apresentam-se de seguida técnicas de reforço para ultrapassar defeitos em casas de barro existentes.

1. Devem ser colocadas travessas de madeira em cada canto onde as vigas longitudinais e transversais se encontram, *como mostra a Fig. 4.90. Isto faz com que as vigas actuem como uma caixa rígida, ajudando a transferir facilmente a carga da viga longitudinal para a viga transversal e reduzindo a probabilidade de colapso. 4.90.* Isto fará com que as vigas actuem como uma caixa rígida e ajudará a transferir facilmente a carga da viga longitudinal para a viga transversal, reduzindo a probabilidade de colapso.

Fig. 4.90: Montagem dos suportes no canto entre a barra lateral e a barra transversal.

2. Podem ser utilizados grampos metálicos para ligar as vigas transversais e longitudinais, de modo a proteger a viga transversal de fender a viga longitudinal, *como mostra a Figura 4.91. 4.91.*

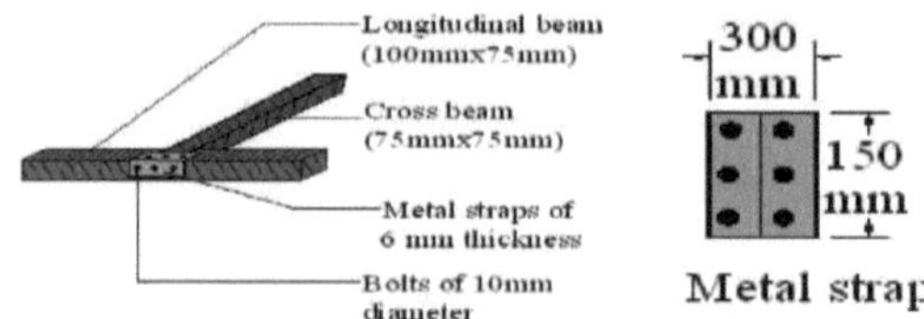

Figura 4.91: Utilização de clipes metálicos para ligar a travessa e a longarina.

3. As vigas acima da abertura podem ser deslocadas acima da parede sólida, reduzindo a probabilidade de fissuras acima da abertura, *como mostra a Fig.* **Figura 4.92.**

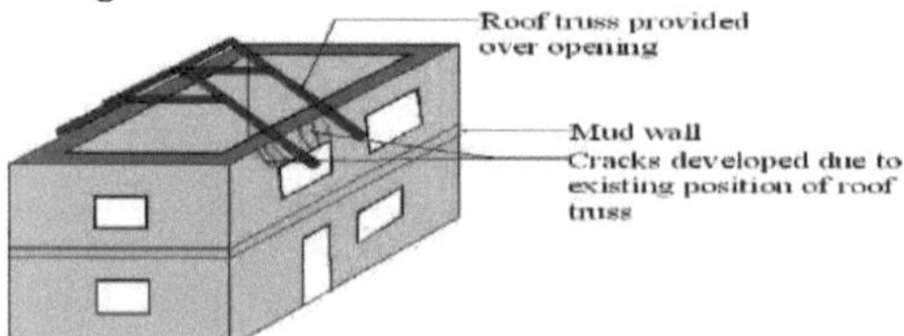

Fig. 4.92: Deslocação da armação do telhado por cima da abertura para outra posição.

4. O número e a dimensão das aberturas podem ser reduzidos fechando algumas delas. Isto aumenta a área da parede e reduz a intensidade da carga que actua sobre ela, *como se mostra na Fig. 4.93*. Recomenda-se que a soma das larguras das aberturas não exceda um terço do comprimento total da parede (IAEE, 2004).

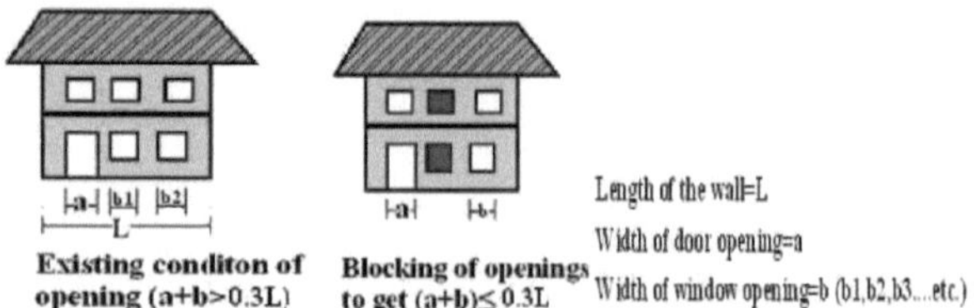

Fig. 4.93: Fechamento de aberturas supérfluas de portas e janelas.

5. As novas paredes podem ser instaladas transversalmente para reduzir a deformação causada pela da carga lateral, *como mostra a Fig. 4.94. 4.94.*

Figura 4.94: Inserção de uma nova parede para aumentar a estabilidade

6. O principal problema da utilização da argila é o risco de penetração da água. As paredes de

terra tornam-se moles, perdem a resistência à compressão e, consequentemente, ficam expostas à erosão. Por conseguinte, as paredes de terra são inevitavelmente susceptíveis de falhar devido à chuva e à entrada de água. O cimento pode ser utilizado como aditivo à terra, e a terra misturada com resíduos de betume pode ser utilizada como reboco.

7. As varas de bambu são inseridas no interior e no exterior das paredes para as reforçar. É utilizada uma base de betão para a fixação no solo. São então feitos furos nas paredes e os postes no interior e no exterior das paredes são ligados com cavilhas de bambu e arame. São colocadas travessas horizontais entre os postes para reduzir a deflexão no telhado e no rés do chão, *como mostra a Fig. 4.95(a)*. As travessas diagonais também são inseridas entre os postes para aumentar a rigidez dos postes. No topo da parede, estes postes são ligados com metades de arcos de bambu num padrão de treliça, *como na Fig. 4.95(b)*.

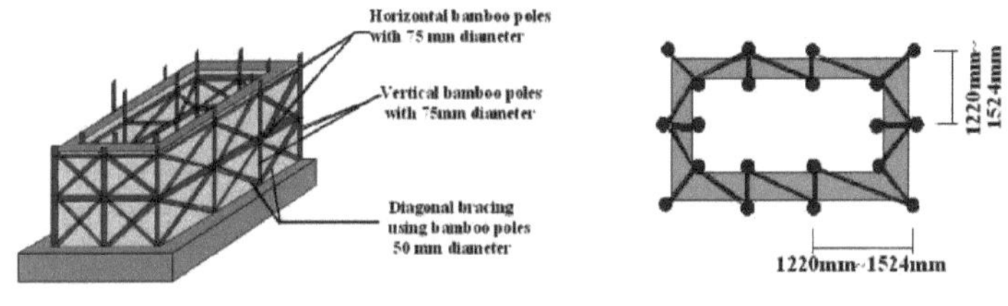

(a) Bamboo poles to strengthen mud wall.   (b) Top View

Figura 4.95: Reforço das paredes com varas de bambu.

Estimativa de custos para uma casa de adobe de dois andares melhorada com telhado de estanho C.I.

O custo estimado da construção de uma casa melhorada de dois andares feita de tijolos de barro com um telhado de chapa de ferro é apresentado no *Quadro 4.8*, tendo em conta os preços actuais dos vários materiais

Quadro 4.8: Estimativa de custos para uma casa de adobe de dois andares melhorada com painéis de I.C.

Sl. Não.	Descrição dos artigos	Número de artigos	Curso em tk	Custos dos artigos individuais em Tk
1.	Lamas de parede	82,5 cum	354 taka za kum	Tk 29205.
2.	Madeira para aberturas	0,12 cum	8828 taka za kum	Tk 1060.
3.	Madeira para o sistema de treliça do telhado	0,388cum	10600 Taka por esperma	Tk 4113
4.	Madeira para vigas	1.25 cum.	10600 Taka por esperma	Tk 13250.
5.	Painéis C.I. para o telhado	10 Proibições	3 000 taka para a proibição	30000 Taka
6.	Chapas metálicas para portas e janelas	3,21 metros quadrados.	3230 taka por metro quadrado.	Tk 10368
7.	Lancis, pregos e parafusos	7 kg	50 taka por kg	350 taka

9.	Fio		3kg	50 taka por kg	Tk 150
10	trabalho é.	Qualificado	5 narizes durante 30 dias	Tk 230 por pessoa e por dia	34500 Taka
		Não derramar	7 quartos em 30 dias	Tk 150 por pessoa e por dia	31500 Taka
11.	Cimento		6 Saco	Tk 250 por saco	Tk 1500.
11.	Custos de transporte				Tk 2000
12.	No total				158000 Taka

[2]O custo total de uma casa de barro de dois andares melhorada com um C.I.Sheet de 52,26 m é de Tk 158000 ou US$ 2000. O custo por metro quadrado para a melhoria da casa existente é de Tk. 3024 ou US$ 40.

4.5.7 Projeto de uma casa de barro de dois pisos com cobertura de estanho, resistente a sismos:

O planeamento de uma nova casa à prova de sismos pode ser feito em duas fases.

1. Cálculo das cargas e dos diferentes componentes da estrutura.
2. Desenvolvimento de diretrizes de design para este tipo de casa.

As secções **4.5.8.1** e **4.5.8.2** descrevem o procedimento para a construção de uma nova casa de dois andares resistente a sismos, feita de barro com um telhado de chapa de ferro.

2.1.1.1 Cálculo do projeto de uma casa de tijolo de barro de dois pisos com cobertura de chapa metálica

Para as seguintes propriedades dos materiais, são efectuados cálculos para a conceção de

<u>Espessura do material:</u>

<u>Bambu:</u>

Módulo de elasticidade médio na rutura, $fy=124$ N/mm2

Tensão de tração admissível, $Fs=0,4fy=0,4*124=49,6$ N/mm2

Tensão de compressão admissível, $Fc=0,4fy=0,4*124=49,6$N/mm2

Módulo de elasticidade $Eb=15168,5$N/mm2

<u>Sujidade:</u>

(de acordo com a BNBC), módulo de elasticidade, $Em=750f'm$

(Tendo em conta as equações utilizadas para determinar o módulo de elasticidade da alvenaria, uma vez que não existem disposições para edifícios de terra no BNBC).

Resistência à compressão assumida, $fm=0,2$N/mm2 (IAEE, 2004)

[2]Para, $fm=0,2$N/mm ; '. $Em=750*0,2=150$N/mm^2

Resistência ao cisalhamento admissível, $vm=0,025$ N/mm2 (IAEE, 2004)

Resistência à tração admissível, $ft=0,04$ N/mm2 (IAEE, 2004)

<u>Cálculo de carga:</u>

<u>Carga de vento:</u>

Para Chittagong, a velocidade de base do vento é Vb= 260 km/h (do Quadro-6.2.8, BNBC, 1993)

[2]Pressão sustentada do vento, qz=Cc*Cc*CI*Cz *Vb (de acordo com BNBC, secção 2.4.6.2)

Aplica-se o seguinte: qz = pressão sustentada do vento à altura z, KN/m^2

CI=coeficiente de importância da estrutura=1,00 (de acordo com a BNBC, Quadro - 6.2.9)

Cc=fator de conversão de velocidade em pressão=47,2E-6

Cz= altura combinada e fator de exposição=0,801 (de acordo com o BNBC, tabela - 6.2.10)

Vb=velocidade do vento principal em km/h da secção 2.4.5

Pressão sustentada do vento, qz=0,801*47,2E-6*1,00*2602=2,56KN/m2

Pressão do vento de projeto, Pz=CG*Cp*qz (de acordo com BNBC, secção 2.4.6.3)

Em que Pz = pressão de projeto do vento à altura z, KN/m2

CG=coeficiente de gusto=1,321 (BNBC, Secção 2.4.6.6, Quadro-6.2.11)

Cp= Coeficiente de pressão para estruturas (BNBC, secção 2.4.6.7)

Para paredes e telhados virados para o vento,

Para a parede, Cpe=0,8 (BNBC, Figura -6.2.5),

Pressão do vento calculada, Pz=1,321*0,8*2,56=2,705 KN/m

Cpe=0,3 (normal à cumeeira) aplica-se à cobertura (BNBC, Figura -6.2.5),

Pressão do vento calculada, Pz=1,321*0,3*2,56=1,015 KNW

Para a parede de sotavento e o teto,

Cpe= -0,5 aplica-se à parede (BNBC, Figura -6.2.5),

Pressão do vento calculada, Pz=1,321*(-0,5)*2,56= -1,69 KN/m

Cpe= -0,7 aplica-se à cobertura (BNBC, Figura -6.2.5),

Pressão do vento calculada, Pz=1,321*(-0,7)*2,56= -2,37KN/m^2

<u>Exposição a sismos:</u>

Deslocamento da base, V= (ZIC/R)*W (de acordo com BNBC, secção 2.5.6.1)

Onde, Z= Coeficiente de zona sísmica=0,15 (para Zona-2) (de acordo com BNBC, Tabela-6.2.22)

I= coeficiente de significância estrutural=1,00 (de acordo com a BNBC, Tabela 6.2.23)

R= Fator de Modificação da Resposta =6,00 (de acordo com BNBC, Tabela6.2.23)

W= carga sísmica total de acordo com o BNBC, secção 2.5.5.2

C= Coeficientes numéricos (1,25S)/T %

S= Fator de local para propriedades do solo (de acordo com BNBC, Tabela-6.2.25)

T= Período de oscilação fundamental (de acordo com a BNBC, secção 2.5.6.2) = Ct (hn) %

Ct= 0,049 (BNBC, secção 2.5.6.2)

hn = altura em metros acima da superfície de base até ao nível n = 3,35 m.

Isto significa que T=0,121 segundos e C= 5,1

(De acordo com a BNBC, a mudança de base deve ser multiplicada por 1,5),

Deslocação da base, V=1,5(ZIC/R)*W

<u>Carga morta:</u>

Carga superficial C.I.Sheet=0,12 KN/mm^2

Carga através do sistema de treliças do telhado = 8 KN/m^3

Peso morto da parede =19,0 KN/m

Área útil =52,26 m².

Comprimento total do muro = 27,13 m

Carga morta total da parede = 789,16 KN

Carga morta total da cobertura = 12,67 KN

Peso próprio total = 802 KN

<u>Carga viva:</u>

Carga viva na cobertura =0,8 KN/m^2

Carga viva assumida na parede=69KN

Projeto de fundação:

Vamos supor que o solo é do tipo franco-arenoso,

Capacidade de suporte de carga do pavimento, qnu =150KN/m2

Ângulo de atrito interno, f = 30°

Assume-se que o fator de segurança F.S.=3,0

Capacidade de carga admissível do pavimento, q=150/3=50KN/m2

<u>Largura da fundação</u>

Gesamte Wandbelastung=19*7,62*3,35*0,457+69

$$=221.65+69=290.65KN$$

Wandverteilung=290,65/7,62=29 KN/m

Largura da fundação, Bf (min)=29/50=0.581m~580mm

<u>Profundidade da fundação:</u>

Profundidade mínima da fundação, Df (min) = (qnu /u)*{(1 -ztf)/ (1+ztf)}. [2]

$$= (150/19)*\{(1-\sin30°)/1+\sin30°)\}\ 2$$

$$=0,870m=870mm$$

Design de parede deslizante:

Peso próprio total, W=802 KN

Posição inclinada da base, V=1,5(ZIC/R)*W=153,35 KN

Não esquecer que a armadura deve resistir a todas as forças de corte.

Resistência máxima admissível ao corte, vm=0,025N/mm[1 2]

[Supondo 12 peças de aros de bambu feitos de varas de f~75 mm com uma espessura de parede de ~6,5 mm].

O tamanho do reforço é (19,64mmX 6,5mm)

[22]Av= 1/12*{l/4*(75) -(62) } =116,57 mm^2

Distância entre os reforços:

S= (Av*Fs)/ (vm *b) = (116,57*49,6/ (0,025*450) =514 mm

Aplica-se o seguinte: Smax=b/2 =450/2 =225 mm; Smax=600 mm

S=225 mm,

Com o reforço vertical, a distância deve ser mantida o mais pequena possível,

Smax=b/2 =450/2 =225 mm; Smax=600 mm

Profundidade efectiva necessária da parede, d= V/ (vm *b)= (153,35*1000)/(.025*450)= 13631 mm

Utilize duas paredes em ambas as direcções (uma para cada parede exterior).

L= d/2+100 (100 mm da camada de reforço num dos lados) = 13631/2+100=6916 mm

Portanto, o reforço de bambu deve ser colocado em intervalos de 225 mm em ambas as direcções ao longo de toda a parede, e os buracos supérfluos devem ser selados.

1 <u>Fundação:</u>

2.1.1.2 Diretrizes de construção para casas de barro de dois andares resistentes a sismos com cobertura de chapa metálica

Quando se constrói uma nova casa de adobe resistente a sismos, deve prestar-se especial atenção a este aspeto. Abaixo encontrará um guia para a construção de uma nova casa de barro de dois andares resistente a sismos com um telhado de chapa de C.I.

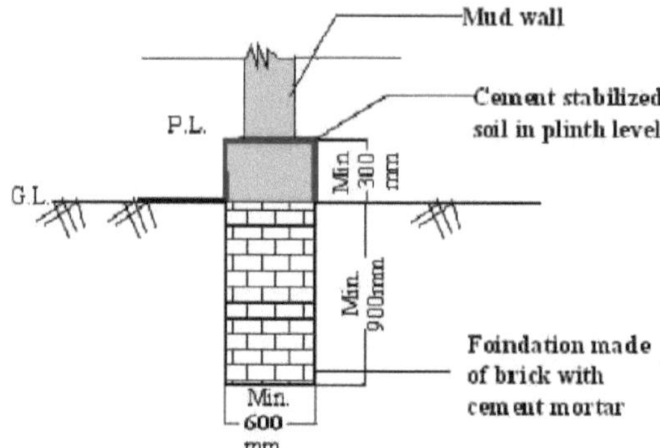

Fig-4.96: Section of the foundation.

A construção não deve ser efectuada em zonas com solos arenosos soltos ou com argila mal compactada. Isto porque existe o risco de assentamento irregular em caso de vibrações sísmicas se as estruturas forem erguidas sem precauções especiais.

b) A largura mínima da base das paredes pode ser a seguinte:
Dois andares em piso sólido - espessura da parede 1,5 vezes maior.

Dois andares sobre um piso macio - 2 vezes a espessura das paredes.

A profundidade da fundação abaixo do nível do solo deve ser de pelo menos 900 mm, **como mostra a ilustração**

na *Fig. 4.96*.

c) A fundação deve ser construída com tijolos sobre argamassa de cimento, **como mostra a *Fig. 4.96. 4.96.***

d) A parede ao nível do plinto deve, de preferência, ser feita de tijolos com argamassa de cimento. A altura do plinto deve estar acima da linha de água alta ou, pelo menos, 300 mm acima do nível do solo. Se não forem utilizados tijolos, pode ser utilizado eficazmente solo estabilizado com cimento. A utilização de reboco de argamassa de cimento ao nível do plinto também reduzirá o impacto da água no edifício, **como mostra a *Fig. 4.96*.**

2. <u>A parede:</u>

As paredes podem ser reforçadas, geralmente com armadura vertical e

riscas horizontais.

a) **Reforço vertical de paredes:** Existem dois tipos de reforço **vertical** que podem ser utilizados em paredes de terra. Estes dois tipos são descritos de seguida.

1. <u>Rede de bambu:</u> As paredes podem ser reforçadas com rede de bambu. Esta rede de

bambu é feita ligando as lâminas verticais de bambu às lâminas horizontais em cada junta com arame. A rede de bambu é ligada à viga de colarinho **como mostra a *Fig. 4.97.***

Fig. 4.97: Utilização de rede de bambu numa parede de terra.

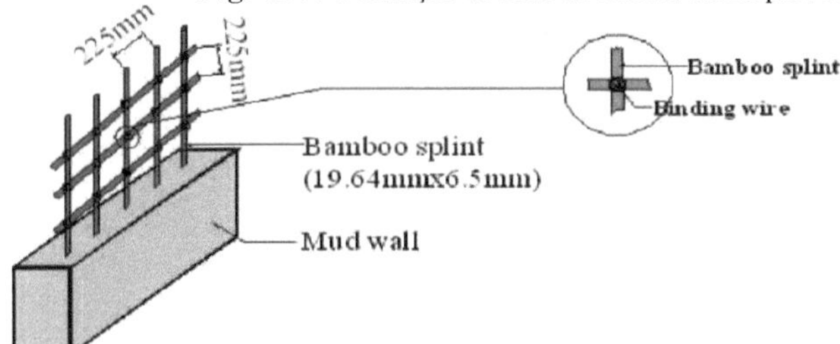

ii. Postes verticais: Outra forma de reforço vertical são os postes. Os postes podem ser feitos de bambu, madeira, etc. Os postes são colocados nos cantos e nas junções das paredes. Devem começar ao nível da fundação, continuar e ser fixados aos lintéis e às ripas do telhado com cordas, **como mostra a *Fig. 4.97. 4.97.***

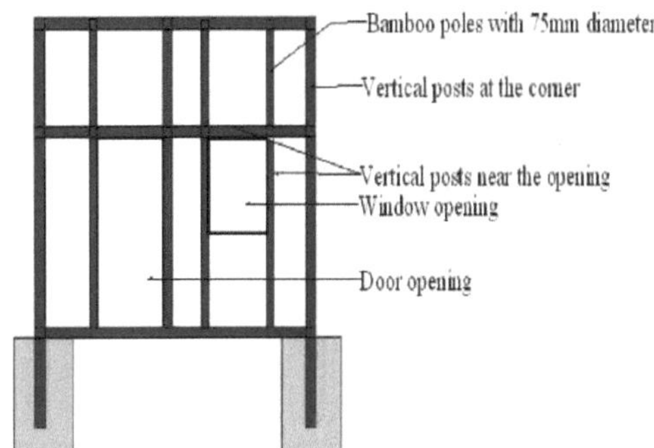

Fig. 4.97: Postes verticais no canto e junto à abertura, ligados com cintas horizontais.

b) **Faixas horizontais:** Devem ser instaladas duas vigas ou faixas horizontais contínuas de reforço e ligação, uma das quais deve estar alinhada com os lintéis das aberturas das portas e janelas e a outra logo abaixo do teto em todas as paredes. As vigas devem ser unidas em ângulo reto nos cantos e as juntas devem ser reforçadas. Os lintéis podem ser omitidos nas casas de um só piso. Os lintéis podem ser concebidos com as seguintes formas

i. Uma única barra pode ser dotada de elementos diagonais para fixação num canto, **como mostra a *Fig. 4.98. 4.98.***

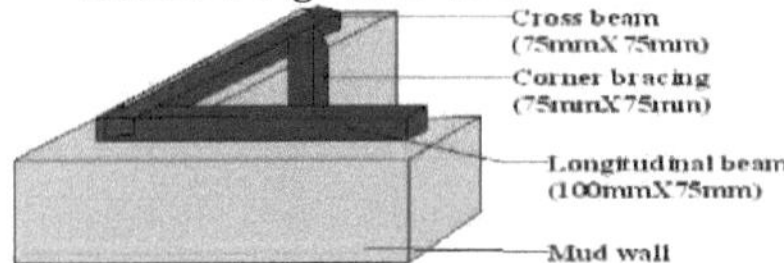

Fig. 4.98: Moldura horizontal com fixação nos cantos.

Duas peças de madeira podem ser colocadas paralelamente à direção longitudinal da parede. As vigas são cortadas em ranhuras nos cantos para segurar as vigas colocadas na direção curta, **como mostra a *Figura 4.99. 4.99*.**

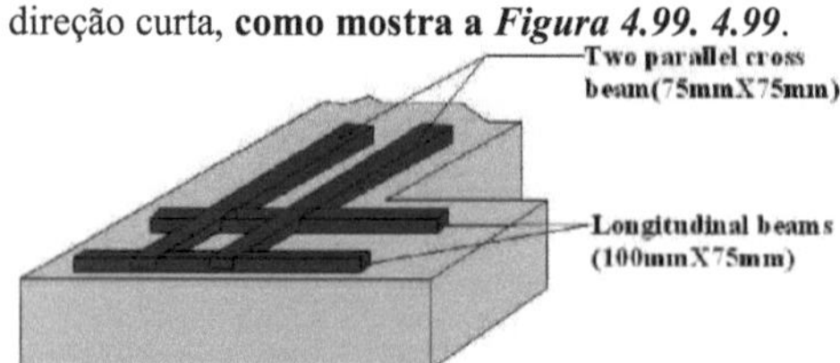

Fig. 4.99: Fixação horizontal com duas barras paralelas num canto.

3.   Telhado: O **telhado** é composto por duas partes principais: a estrutura e o revestimento. A estrutura do telhado deve ser leve, bem ligada e adequadamente ligada às paredes. Seguem-se algumas caraterísticas dos materiais de cobertura:

    i.   De preferência, o revestimento do telhado é feito de um material leve, como a chapa de C.I., a chapa de G.I..

    ii.   As vigas ou caibros do telhado não devem ser instalados diretamente sobre as aberturas de portas ou janelas sem um lintel reforçado.

    iii.

4.5.9 Estimativa do custo de uma nova casa de barro de dois pisos com cobertura de estanho, resistente a sismos:

Os custos de uma nova casa de tijolo de barro de dois andares resistente a sismos são apresentados no **Quadro 4.9**, tendo em conta os preços actuais dos materiais.

Tabela 4.9 - Estimativa de custos para uma nova casa de dois pisos resistente a sismos, feita de tijolos de barro

Sl.no.	Descrição dos artigos		Número de artigos	Curso em tk	Custos em BDT
1.	Lamas de parede		92,6 cum	354 taka za kum	Tk 32780.
2.	Madeira para aberturas		0,12 cum	8828 taka za kum	Tk 1060.
3.	Madeira para o sistema de treliça do telhado		0,562cum	10600 Taka por esperma	6000 Taka
4.	Madeira para vigas		0,965cum	10600 Taka por esperma	Tk 10230.
5.	Painéis C.I. para o telhado		10 Proibições	3 000 taka para a proibição	30000 Taka
6.	Chapas metálicas para portas e janelas		3,21 metros quadrados.	3230 taka por metro quadrado.	Tk 10368
7.	Cimento		11 Saco	Tk 250 por saco	Tk 2750.
8.	Areia		0,926 cum	800 Taka por esperma	Tk 745.
9.	Tijolo		645nos	5 Taka por peça	Tk 3225
10.	Bambu		195 mas	50 Taka por peça	Tk 9750.
11.	Lancis, pregos e parafusos		8 kg	50 taka por kg	Tk 1500.
12.	Fio		2kg	50 taka por kg	Tk 2000
14..	trabalho é.	Pessoal não qualificado	7 narizes durante 40 dias	150 Taka por pessoa	31500 Taka

		Qualificado	5 narizes durante 40 dias	230 Taka por pessoa	34500 Taka
15.	Custos de transporte				Tk 2500.
	No total				Tk 198410

[2]O custo total de uma nova casa de barro de dois andares, resistente a sismos, com um telhado de chapa de ferro e uma área de 52,26 metros é de Tk. 198410 taka ou 2500 US$. O custo unitário da construção de uma nova casa resistente aos sismos por 1 metro quadrado é de Tk. 3797 ou 50 US$.

4.5.10 Comparação dos custos

A comparação de custos entre a casa de adobe de dois andares existente, a reforçada e a nova, resistente a sismos, com cobertura de chapa metálica C.I., é apresentada na *Fig. 4.100. 4.100.*

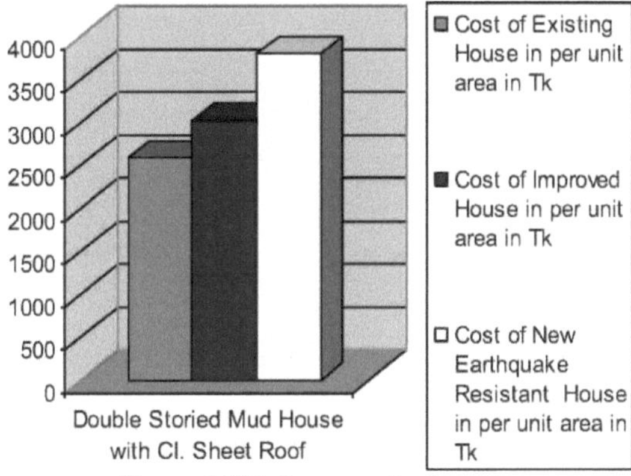

Figura 4.100: Comparação de custos

A figura acima mostra que apenas **15-18% dos** custos de construção da casa existente são necessários para o reequipamento sismo-resistente de casas de adobe de dois andares existentes nas áreas rurais. Por outro lado, a construção de uma nova casa de barro de dois andares resistente a sismos requer cerca de **30-40% dos** custos de construção da casa existente.

Quinto capítulo

Casa de bambu não técnica

5.1 Introdução

O objetivo deste capítulo é delinear os vários factores que contribuem para o risco de casas de bambu não estruturais nas zonas rurais do Bangladesh A utilização do bambu na construção de casas rurais é de grande importância, pois cresce em **todo o** Bangladesh. No Bangladesh, cerca de 50 % das casas rurais são construídas com bambu. No entanto, as técnicas utilizadas na tradição familiar são ainda muito simples e improvisadas. O bambu pode suportar grandes deformações na gama elástica, ou seja, é altamente elástico. As casas de bambu construídas corretamente são, portanto, plásticas, ou seja, podem balançar para a frente e para trás durante um terramoto sem que as varas de bambu sejam danificadas. Uma grande desvantagem do bambu é a sua baixa resistência a fungos e bactérias e a sua falta de resistência ao fogo. Sem um tratamento de conservação e uma utilização correta, a vida útil do material é muito curta. Com a crescente utilização de tijolos e betão mais resistentes, o bambu é inferior a estes materiais de construção e o seu estatuto social é considerado muito baixo. Por esta razão, as pessoas tendem a substituir as casas de bambu por casas de tijolo ou de betão logo que as podem comprar. Com as novas técnicas de construção que utilizam o bambu, é possível obter uma melhor aparência e uma vida útil mais longa dos edifícios. **Isto torna as casas socialmente mais aceitáveis e ajuda a resolver o problema da habitação no país sem aumentar o risco de terramotos.**

5.2 Estado atual das casas de bambu nas zonas rurais do Bangladesh

Em geral, as casas de bambu foram construídas pelo grupo populacional de baixo rendimento na área de estudo. Isto também se deve à disponibilidade de bambu a baixo custo. Cerca de 37% da população total da área de estudo vive em diferentes tipos de casas de bambu.

5.2.1 Tipos de casas de bambu utilizadas

Os diferentes tipos de casas de bambu usados na área de estudo são listados abaixo.

1. Casa de bambu com telhado de estanho C.I.
2. Uma casa de bambu com um telhado de telha.
3. Uma casa de bambu com um telhado de colmo.

5.3 Casa de bambu com telhado de estanho C.I:

Uma casa de bambu com um telhado feito de painéis de C.I., o tipo mais comum de casa de bambu nesta área, é mostrado na *Fig. 5.1* e *Fig. 5.2*. O uso de painéis de C.I. é favorecido devido à sua acessibilidade e durabilidade.

Fig. 5.1 e Fig. 5.2: Casa típica de bambu com telhado de estanho C.I.

5.3.1 Materiais utilizados na construção

i.   Bambu trançado (localmente chamado bambu Chati ou Bera) para as paredes.
ii. Bambu para os postes e para o sistema de treliças do telhado.
iii. Painéis C.I. para o telhado.

5.3.2 Sequência de construção

i. Construção da estrutura:

a. Para criar uma base com a altura pretendida (457 mm a 762 mm), o solo é aterrado a uma altura de 610 mm a 914 mm e compactado, *como mostra a Fig. 5.3.*

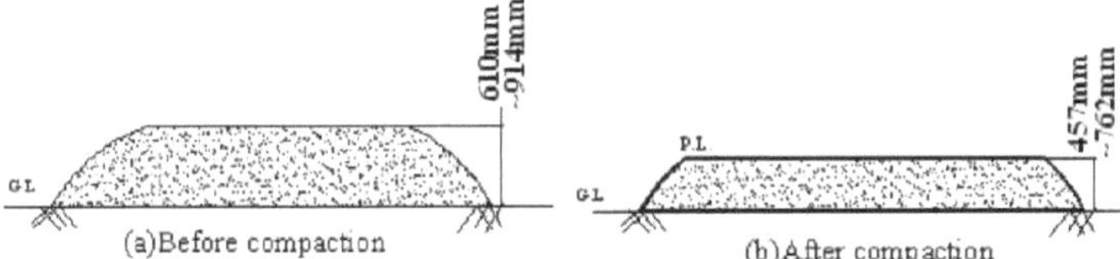

b) Em seguida, são feitos furos de 457 mm a 610 mm de profundidade no solo, no local dos postes, *como mostra a Fig. 5.4. 5.4.*

c)

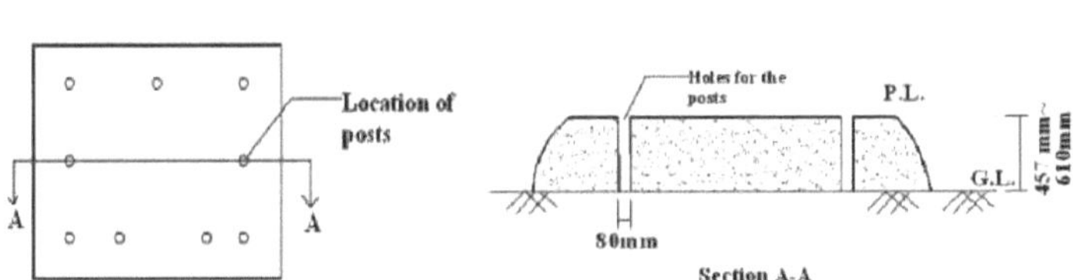

Fig. 5.4: Escavação de buracos para postes

d) O bambu é então colocado horizontalmente sobre os postes e fixado aos postes para formar uma armação *(ver Fig. 5.5). 5.5.*

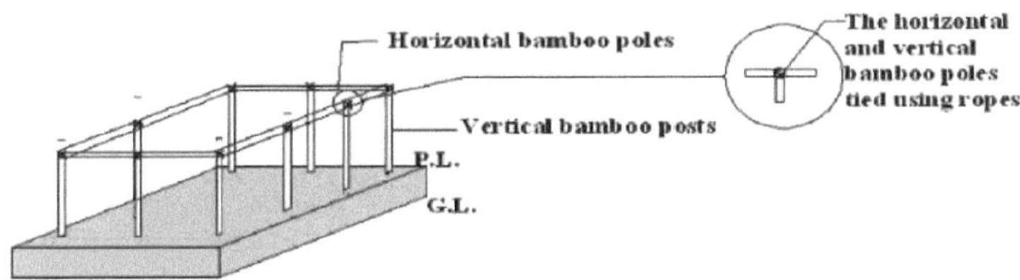

Figura 5.5: Construção da estrutura com vara de bambu.

ii. Construção do telhado:

a) As asnas de bambu são colocadas sobre a estrutura e fixadas a ela com cordas, *como mostra a ilustração*

na Fig. 5.6.

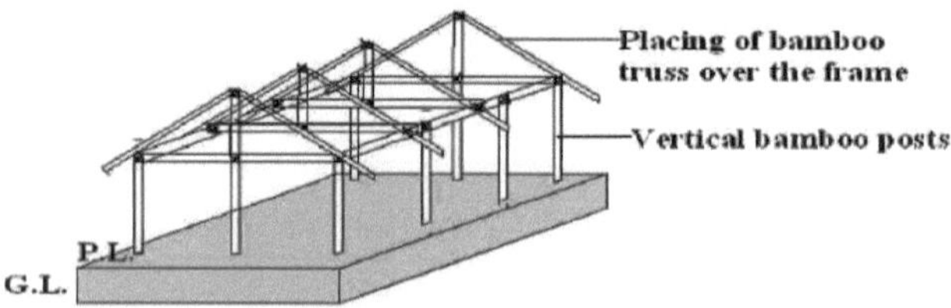

Figura 5.6: Posicionamento das travessas acima dos postes.

b) O painel de bambu dividido é colocado sobre a armação do telhado e fixado a ela com cordas, *como mostra a Figura 5.7. 5.7.*

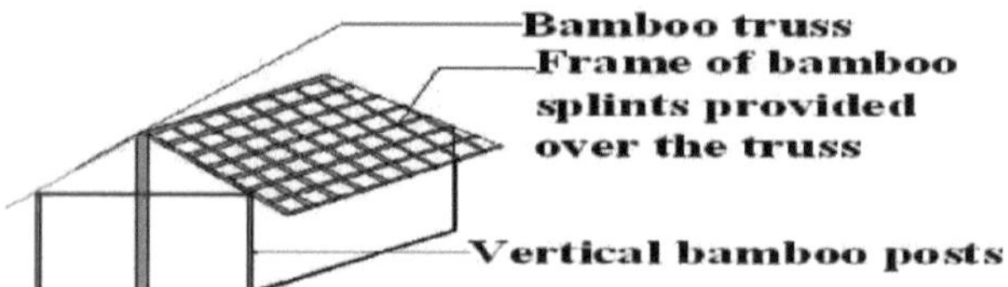

Figura 5.7: Revestimento de aglutinante de bambu.

c) Os painéis C.I. são colocados em cima dos painéis de bambu e fixados com pregos e parafusos.

iii. Construção de paredes:

A malha de bambu, conhecida por "Bera", é preparada previamente. É depois fixada à estrutura com cabos de aço e cordas, *como mostra a Fig. 5.8. 5.8.*

5.3.3 Configuração estrutural de uma casa de bambu existente com um telhado de zinco

O esquema estrutural *da* casa de bambu existente com telhado de chapa de C.I. é mostrado nas *Fig. 5.9* e *Fig. 5.10*.

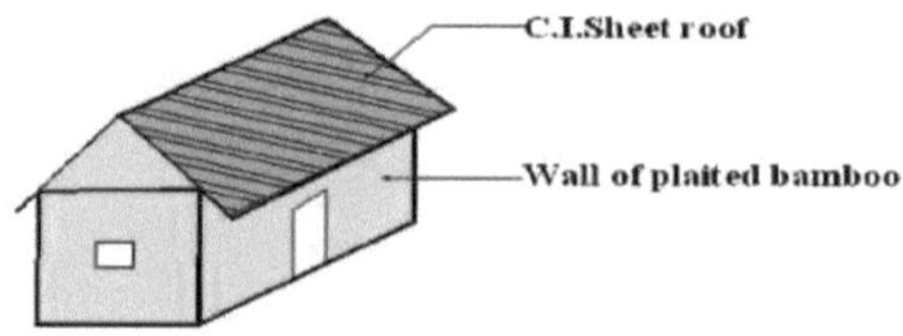

Fig-5.8: Fixing of C.I. Sheet and construction of wall

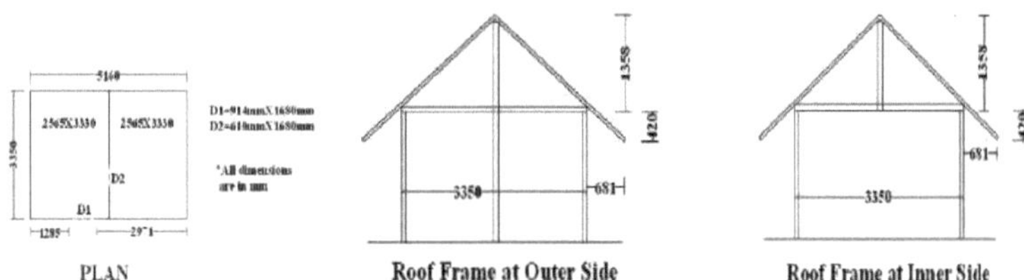

Fig. 5.9 e Fig. 5.10: Planta baixa e secção da casa de bambu existente

5.3.4 . Estimativa do custo de uma casa de bambu existente com um telhado de zinco

Tendo em conta os preços actuais dos materiais, os custos de construção de uma casa típica de bambu com *um* telhado de zinco são apresentados no *Quadro 5.1.*

Tabela-5.1: Custos de uma casa de bambu existente com cobertura de laje de C.I.

Sl.no.	Descrição da		Quantidade	Curso em tk	Custos
1.	Bambu tecido		31,5 metros quadrados	54 Tk por metro quadrado.	Tk 1701
2.	Varas de bambu		130 quartos.	50 taka por peça.	6500 Taka
3.	Painéis C.I. para o telhado		5 Proibições	4 000 taka para a proibição	20000 Taka
4.	Madeira para a porta		0,0137cum	8828 taka za kum	Tk 125.
5.	Cordas		3 pacotes	20 Taka por pacote	Tk 60.
6.	Fios		1kg	50 taka por kg	Tk 50.
7.	Pregos e parafusos		1kg	50 taka por kg	Tk 50.
8.	Trabalho	Qualificado	2 pessoas para 7 dias	200 taka por pessoa e por dia	Tk 2800
		Pessoal não qualificado	3 pessoas por 7 dias	Tk 150 por pessoa e por dia	Tk 3150
9.	Transporte				Tk 1000
10	No total				Tk 35436

[2]O custo da casa de bambu existente com telhado de estanho e uma área de 17,286 metros é de Tk. 35436 ou US$ 450. O custo unitário da casa existente por metro quadrado é de Tk. 2.050 ou US$ 25.

5.3.5 Defeitos estruturais numa casa de bambu existente com um telhado de zinco

1. Défice geométrico

a) As estruturas verticais de uma casa de bambu são construídas como uma caixa retangular. Quando uma carga lateral actua sobre eles, dobram-se na direção da carga e acabam por colapsar, *como mostra a Fig. 5.11. 5.11.* Todo o sistema de treliça do telhado é estável quando actua como uma treliça. A rigidez de uma treliça pode ser verificada utilizando os seguintes critérios:

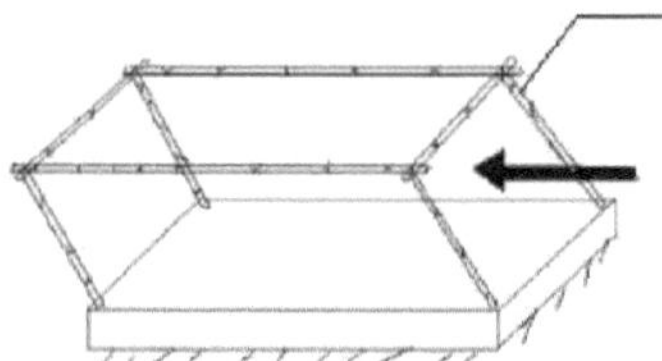

Figura 5.11: Flexão do pórtico devido à força do vento lateral.

À medida que o ângulo de inclinação aumenta, a força de restauração contra a deformação diminui, uma vez que a

Colapso estrutural e o peso do telhado.

b) Há uma tendência para colocar aberturas, especialmente aberturas de portas, no canto da casa, *como na Fig. 5.13,* o que aumenta o risco de danos causados pelo vento. Com grandes aberturas de canto, os postes de canto estão sujeitos a grandes forças verticais e laterais, *como mostra a Fig. 5.12. 5.12.* As fortes tensões de compressão excêntricas do telhado, juntamente com as forças laterais, podem levar à rotura do montante.

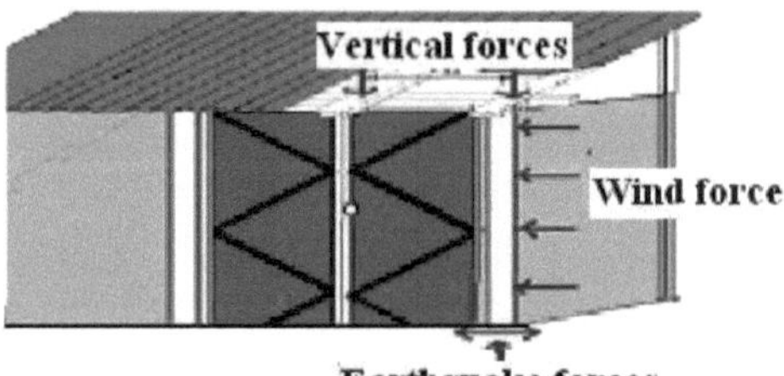

Fig. 5.12: Forças que actuam no pilar da abertura de canto

Fig. 5.13: Uma casa de bambu típica com uma porta a abrir no canto

2. Défice da fundação

a) Os postes não são ancorados no solo, *como mostra a Fig. 5.14. 5.14.* São ancorados ao solo simplesmente fazendo um furo no solo, colocando o poste no furo e depois compactando o solo circundante para segurar o poste. Num terramoto, quando as ondas abalam o solo tanto vertical como horizontalmente, uma fundação isolada sem ancoragens não consegue suportar essas forças.

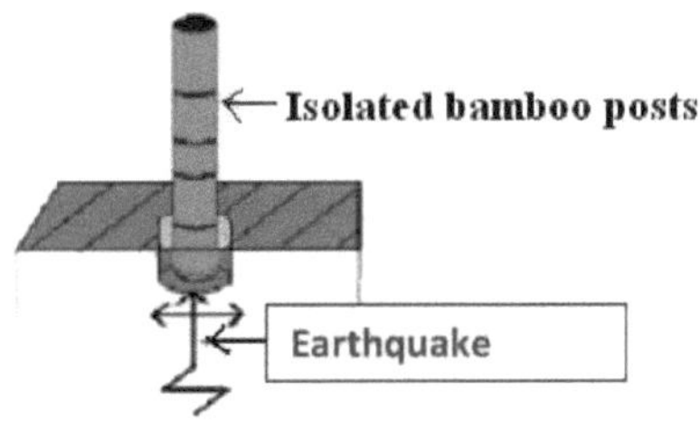

Fig. 5.14: Ligação deficiente da fundação.

b) O bambu habitualmente utilizado não está protegido contra a podridão, os fungos, as térmitas e a podridão fúngica.
humidade elevada em contacto com o solo. A destruição das varas de bambu, que colunas, toda a estrutura do pórtico pode colapsar, *como mostra a Fig. 5.15. 5.15.*

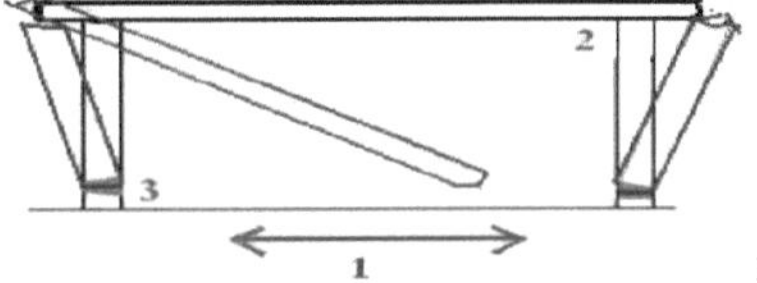

Z. Suporte fixo, sem ligação rígida
S.Destruição por fungos, térmitas, etc.

Fig. 5.15: Corrosão das varas de bambu devido à infestação por fungos e térmitas, etc.

3. Desvantagens da conceção

As asnas nem sempre estão localizadas diretamente acima do montante. Por conseguinte, a carga da cobertura não é transferida corretamente para o montante, *como mostra a Fig. 5.16. 5.16.* Esta carga actua de forma excêntrica no montante. Quando ocorre uma carga lateral, esta não pode ser transferida diretamente para o montante e cria um momento que acelera o colapso da estrutura.

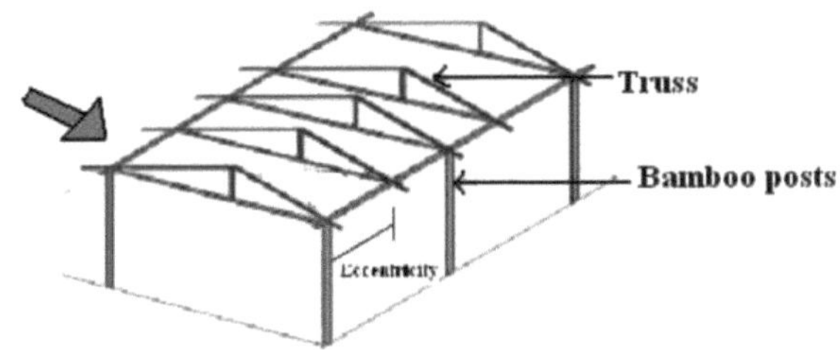

Fig. 5.16: As travessas não estão situadas diretamente sobre a prateleira

Os quadros estão ligados por dobradiças. Todas as partes do pórtico podem mover-se facilmente umas em relação às outras. Embora cada peça seja capaz de transmitir todas as forças axiais e transversais, as ligações rígidas ou as dobradiças são raramente utilizadas.

5.3.6 Tecnologia para reforçar uma casa de bambu existente com um telhado de chapa C.I.

A necessidade de melhorar a resistência sísmica de um edifício existente surge geralmente da constatação de danos e de um mau comportamento num sismo recente. A tecnologia para reforçar um edifício existente deve ser tal que possa ser adoptada rapidamente e aplicada com recursos limitados.

As opções para reforçar uma casa de bambu existente são resumidas a seguir:

1. Os pórticos das asnas de cobertura devem ser reforçados por soldadura ou fixação das diagonais correspondentes nos planos vertical e horizontal, *como mostra a Figura 5.17. 5.17.*

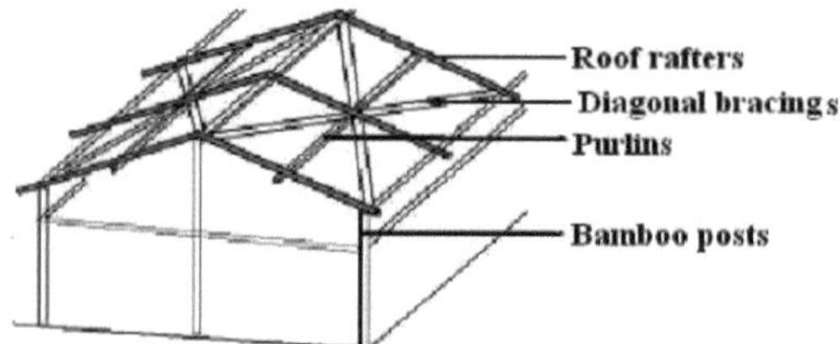

Fig. 5.17: Pormenores da nova fixação do telhado.

2. A fixação da armação do telhado às paredes de suporte de carga deve ser melhorada e a inclinação do telhado em relação às paredes deve ser eliminada. Se forem usados postes de madeira nas casas de bambu, deve ser aparafusada uma nova tábua aos postes que possa segurar as vigas, *como se mostra na Fig. 5.18. 5.18.*

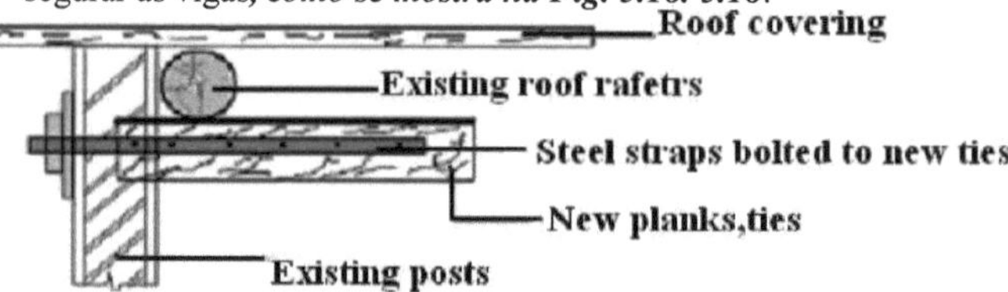

Fig. 5.18: Ligação das escoras e das novas fixações do telhado.

3. Se forem utilizadas varas de bambu, as extremidades devem ser cortadas de modo a que a ligação entre as duas extremidades seja rígida. A ligação é então apertada com uma corda de modo a que as madeiras da estrutura não se possam mover, *como mostra a Figura 5.19. 5.19.*

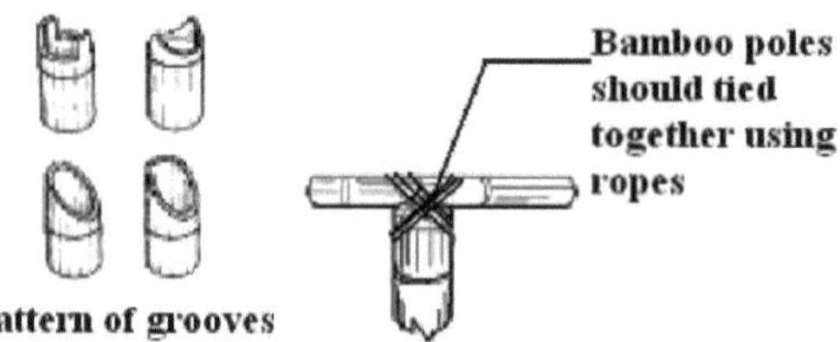

Figura 5.19: Perfis finais de varas de bambu para utilização na construção.

4. Outra forma de melhorar a segurança anti-sísmica consiste em reforçar os edifícios para que vibrem como uma unidade. Isto evita a absorção excessiva de energia pelos elementos estruturais e aumenta a resistência sísmica dos edifícios. Nestas casas, as partes superiores das casas estão ligadas às partes inferiores de tal forma que todos os movimentos são transmitidos diretamente dos níveis inferiores para todo o edifício, de modo a que toda a casa vibre como um único corpo rígido. Deste modo, não existem tensões desarmónicas e a casa mantém-se segura. Nas casas de bambu, a rigidez é conseguida através de contraventamentos transversais e ligações triangulares, *como se mostra na Fig. 5.20. 5.20.* Todas as ligações são reforçadas com vigas transversais que podem transferir a força do sismo diretamente para o resto da casa.

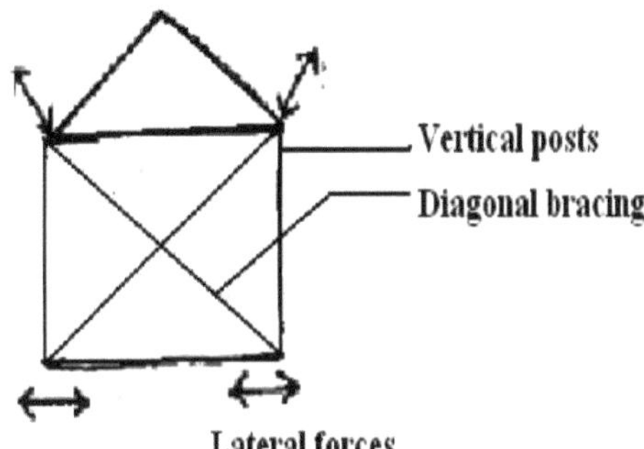

Fig. 5.20: Fixação diagonal entre os postes

5. Eliminação das caraterísticas que representam pontos fracos ou que provocam concentrações de tensões em determinados elementos. Exemplos de tais defeitos são a distribuição assimétrica de elementos de suporte de carga na planta e aberturas grandes ou angulares nas paredes.
6. Para proteger o bambu da podridão, dos fungos, das térmitas e da humidade elevada, devem ser utilizadas estacas de bambu tratadas que estejam em contacto com o solo. Um bloco de c.c. (400 mm X 300 mm) deve ser colocado à volta de cada estaca de bambu como fundação. Um bloco de c.c. (400 mm X 300 mm) deve ser colocado à volta de cada estaca de bambu como base para formar um suporte. (400 mm X 300 mm) para tornar o suporte imóvel.

5.3.7 Cálculo do custo de uma casa de bambu melhorada com cobertura de chapa metálica

Tendo em conta os preços actuais dos materiais, os custos para a casa de bambu melhorada com C.I.Sheet são apresentados no *Quadro 5.2.*

Quadro-5.2: Custo de uma casa de bambu melhorada com um telhado de estanho.

Sl. Não.	Descrição dos artigos	Número de artigos	Curso em tk	Os custos de cada Elemento em Tk
1.	Bambu tecido	31,5 metros quadrados	54 Tk por metro quadrado.	Tk 1701

2.	Varas de bambu		155 quartos.	50 taka por peça.	Tk 7750
3.	Painéis C.I. para o telhado		5 Proibições	4 000 taka para a proibição	20000 Taka
4.	Madeira para a porta		0,0137cum	8828 taka za kum	Tk 125.
5.	Cordas		5 fardos	20 Taka por pacote	Tk 100.
6.	Fios		2kg	50 taka por kg	Tk 100.
7.	Pregos e parafusos		1kg	50 taka por kg	Tk 50.
8.	Trabalho	Qualificado	2 pessoas para 7 dias	200 taka por pessoa por dia	Tk 2800
		Pessoal não qualificado	3 pessoas para 7 dias	Tk 150 por pessoa e por dia	Tk 3150
9.	Transporte				Tk 1000
10	No total				Tk 36776.

[2]O custo de uma casa de bambu melhorada com telhado de estanho C.I. com uma área de 17,286 metros é de Tk. 36776 ou US$ 500. O custo unitário de uma casa de bambu melhorada por metro quadrado é Tk. 2128 ou US$ 26.

5.3.8 Proposta de uma casa de bambu à prova de terramotos com cobertura de chapa metálica

A conceção da nova casa anti-sísmica foi realizada em duas fases.

1. Cálculo das cargas e dos diferentes componentes da estrutura.
2. Elaboração de um manual de planeamento para esta casa.

O procedimento detalhado para a construção de uma nova casa de bambu resistente a sismos com um telhado de estanho é descrito nas secções **5.3.8.1.** e **5.3.8.2.**

2.1.1.1 Cálculo do projeto de uma nova casa de bambu à prova de sismos com cobertura de laje C.I.

Para as seguintes propriedades dos materiais, são efectuados cálculos para a conceção de

Propriedades materiais do bambu:

Módulo de elasticidade médio na rutura, $fy=124$ N/mm^2

Tensão de tração admissível, $Fs=0,4$ fy $=0,4*124=49,6$N/mm^2

Tensão de compressão admissível, $Fc=0,4$ fy $=49,6$N/mm^2

Módulo de elasticidade, $Eb=15168,5$ N/mm^2

Carga de vento:

Para Chittagong, a velocidade de base do vento é $Vb=260$ km/h (do Quadro-6.2.8, BNBC, 1993)

Pressão sustentada do vento, qz=Cc*CI*Cz *Vb2 (de acordo com BNBC, secção 2.4.6.2)

Aplica-se o seguinte: qz = pressão sustentada do vento à altura z, KN/m2

CI=coeficiente de importância da estrutura=1,00 (de acordo com a BNBC, Quadro - 6.2.9)

Cc=fator de conversão de velocidade em pressão=47,2E-6

Cz=coeficiente combinado de altura e exposição=0,801 (de acordo com BNBC, Tabela - 6.2.10)

Vb=velocidade do vento principal em km/h da secção 2.4.5

Pressão sustentada do vento, qz=0,801*47,2E-6*1,00*2602=2,56KN/m2

Pressão do vento de projeto, Pz=CG*Cp*qz (de acordo com BNBC, secção 2.4.6.3)

Em que Pz = pressão de projeto do vento à altura z, KN/m^2

CG=coeficiente de gustação=1,321 (BNBC, Secção-2.4.6.6, Quadro-6.2.11)

Cp= Coeficiente de pressão para estruturas (BNBC, secção 2.4.6.7)

Para paredes e telhados virados para o vento,

Para a parede, Cpe=0,8 (BNBC, Figura -6.2.5),

Pressão do vento calculada, Pz=1,321*0,8*2,56=2,705 KN/m^2

Cpe=0,3 (normal à cumeeira) aplica-se à cobertura (BNBC, Figura -6.2.5),

Pressão do vento calculada, Pz=1,321*0,3*2,56=1,015 KN/m2

Para a parede de sotavento e o teto,

Cpe= -0,5 aplica-se à parede (BNBC, Figura -6.2.5),

Pressão do vento calculada, Pz=1,321*(-0,5)*2,56= -1,69 KNW

Cpe= -0,7 aplica-se à cobertura (BNBC, Figura -6.2.5),

Pressão do vento calculada, Pz=1,321*(-0,7)*2,56= -2,37KN/m2

<u>Exposição a sismos:</u>

Deslocamento da base, V= (ZIC/R)*W (de acordo com BNBC, secção 2.5.6.1)

Onde, Z= Coeficiente de zona sísmica=0,15 (para Zona-2) (de acordo com BNBC, Tabela-6.2.22)

I= coeficiente de significância estrutural=1,00 (de acordo com a BNBC, Tabela 6.2.23)

R= Fator de Modificação da Resposta =6,00 (de acordo com BNBC, Tabela6.2.23)

W= carga sísmica total de acordo com o BNBC, secção 2.5.5.2

C= Coeficientes numéricos (1,25S)/T %

S= Fator de local para as propriedades do solo (de acordo com BNBC, Tabela-6.2.25)

T= Período de oscilação fundamental (de acordo com a BNBC, secção 2.5.6.2) = Ct (hn) %

Ct= 0,049 (BNBC, secção 2.5.6.2)

hn = altura em metros acima da superfície de base até ao nível n = 1,68 m.

Isto significa que T=0,0723 segundos e C=7,2

(De acordo com a BNBC, a mudança de base deve ser multiplicada por 1,5),

Deslocação da base, $V=1,5(ZIC/R)*W$

Carga morta:

Área total de pavimento=17.286 m^2

Comprimento total da parede = 17,02 m

Carga superficial C.I. = 0,12KN/mm^2

Carga através do sistema de treliças do telhado = 7,06KN/m^3

Peso morto da parede = 7,06KN/m3

Peso morto do muro = 2,42 KN

Carga viva:

Carga viva na cobertura = 0,8 KN/m^2

Carga viva na parede=2,705*5,16*1,68=25,54KN

Fundação de Design:

Vamos supor que o solo é do tipo franco-arenoso,

Capacidade de carga do pavimento, qnu=150KN/m2

Ângulo de atrito interno, $f = ZO^0$

Assume-se que o fator de segurança F.S.=3,0

Capacidade de carga admissível do pavimento,qu=150/F.S.=150/3=50KN/m2

Peso específico do solo, y=19 KN/m^3

<u>Profundidade da fundação:</u>

Deve ser prevista uma profundidade mínima de fundação,

^{2}Df (estanho)=(dpi/u)*{(1-8lnf)/(1+8lnf)} =(150/19)*{(1-8ln30°)/(1+8ln30°)} =870tn^2
<u>Largura da fundação:</u>
Carga total da parede = 2,42+25,54=27,76KN
Wall distribution=27.76/5.16=5.38KN/m
Largura mínima da fundação, Bf (min) = 5,38/50=108tt~110tt
Design de parede deslizante:

Assumindo que a profundidade efectiva da parede de corte d=2500 mm l w =2500/0.8=3125 mm

Desalinhamento da fundação sob o efeito de um sismo, V= 1,5(ZIC/R)*W=0,65KN
Força de corte sob carga de vento = 2,705*1,68*5,16=25,54KN, que é maior do que a força de corte sob sismo.
O projeto é, portanto, realizado tendo em conta a energia eólica
Eu assevero 12 nos batboo tyre igot post f~75tt wall 1ЫIskpe88~6.5tt].
O tamanho do reforço é (19,64mmX 6,5mm)
[22]Superfície da âncora (Watboo splmts), Av=(1/12)*{ft/4*(75 -62)}=116,57mm^2
V=(Av*Fs*d)/S2
S2=(Av*Fs*d)/V=(116.57*49.6*2500)/25.54*1000 =566mm
S2 é o mínimo de , S2=lw/5=625mm; S2 =3h=120mm; S2=450mm.i.e. S2=120mm e S1 é o mínimo de , S1=lw/3=1042mm; S1 =3h=120mm; S1=450mm.i.e. S1=120mm.

Os pinos de separação horizontais e verticais têm uma distância de 120 mm em cada direção.

2.1.1.2 Guia de construção de uma casa de bambu resistente a sismos com cobertura de chapa metálica

1. **Fundação:** A fundação tem cerca de 300 mm de largura e 900 mm de profundidade, *como se mostra na Fig. 5.21. 5.21*. Em primeiro lugar, o bambu é fixado com um

Conservante. A areia é primeiro despejada a uma profundidade de 250 mm, seguida de cascalho grosso a uma profundidade de 150 mm e uma base de betão para os restantes 500 mm. As varas de bambu são colocadas a 500 mm de profundidade na fundação. Isto melhora a ancoragem dos suportes verticais no solo.

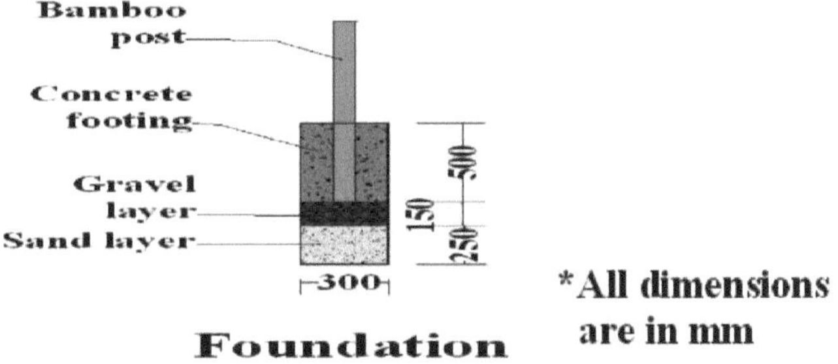

Fig. 5.21: Secção transversal através da fundação

2. **Rodapés:** Os rodapés de terra estabilizados com cimento são mais baratos, mais fáceis de construir e mais fáceis de manter. Uma base de argila típica pode ser estabilizada com uma mistura de solo e cimento. Para solos com um teor de areia e silte superior a 40 %, é suficiente uma adição de cimento de 5 %. Para solos com um teor de areia inferior, deve ser adicionada areia para aumentar o teor de areia para mais de 40% e pode ser necessária uma percentagem ligeiramente superior de adição de cimento. A estabilização funciona melhor em conjunto com a compactação. Pode ser vertida e compactada à mão e alisada com uma espátula. Para uma maior compactação, pode ser utilizado um simples calcador manual ou uma ripa de madeira. A cura deve demorar pelo menos 3 semanas. Pode ser coberto com serapilheira para reter a humidade e regado regularmente para evitar a secagem.

3. **Parede:** O bambu trançado e as travessas verticais podem resistir ao vento. As travessas diagonais devem ser usadas para reforçar as paredes, *como* mostra *a Fig. 5.22*, as travessas diagonais devem ser usadas para reduzir a possibilidade de falha nos cantos devido a cargas desiguais em ambos os lados da parede. O painel de estrutura deve ser equipado com uma grelha de lâminas de bambu espaçadas de 120 mm em cada direção e ligadas à fundação e aos tirantes, *como mostra a Fig. 4.23. 4.23*. Esta malha de bambu deve ser ligada com arame em cada ponto de ligação. O bambu tecido é então colocado em cima da malha para

completar a estrutura do chão.

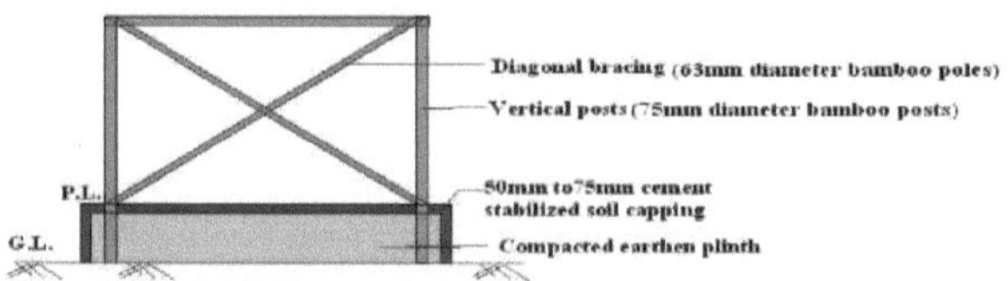

Fig-5.22: Placing of bamboo posts with horizontal bracing.

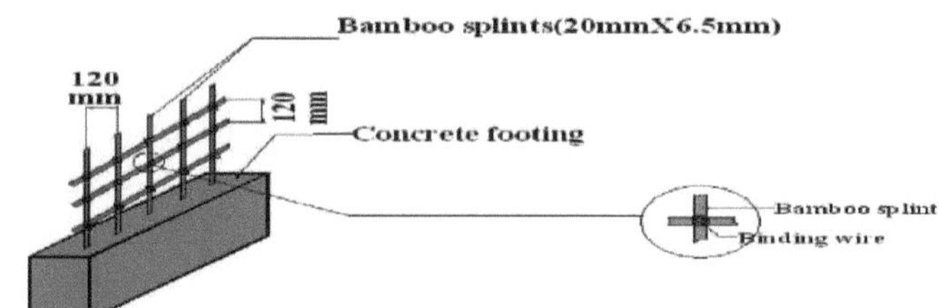

Fig-5.23: Bamboo mesh provided to resist wind load.

4. **Construção do telhado: O telhado** deve ser feito de bambu horizontal.

Elementos de suporte (vigas) que são suportados por varas de bambu. As vigas de bambu suportam as traves de bambu fendido. O bom comportamento da casa de bambu sob carga lateral depende de várias ligações. Na construção do telhado, as ligações entre as vigas e os suportes verticais e as ligações entre os caibros e as vigas são as mais importantes. Para tornar a casa à prova de ciclones, estas ligações devem ser fortes para suportar a forte força ascendente do ciclone. Podem ser utilizados agrafos metálicos para as ligações, especialmente para as ligações entre os postes e as vigas, *como na Fig. 5.24 e na Fig. 5.25.*

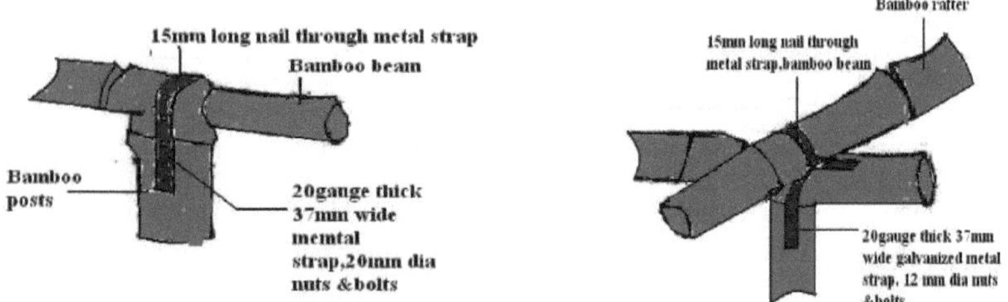

Fig-5.24 & Fig-5.25: Connection of bamboo posts, rafter and beams using metal straps

Estimativa de custos para uma nova casa de bambu à prova de terramotos com cobertura de chapa C.I.

Os custos de uma nova casa de tijolo de barro de dois andares resistente a sismos são apresentados no *Quadro 5.3*, tendo em conta os preços actuais dos materiais.

Tabela-5.3: Estimativa de custos para uma nova casa de bambu resistente a terramotos com painéis C.I.

Sl.no.	Descrição dos artigos		Número de artigos	Curso em tk	Custos
1.	Bambu tecido		31,5 metros quadrados	54 Tk por metro quadrado.	Tk 1701
2.	Varas de bambu		175 quartos.	50 taka por peça.	Tk 8750.
3.	Painéis C.I. para o telhado		5 Proibições	4 000 taka para a proibição	20000 Taka
4.	Madeira para a porta		0,0137cum	8828 taka za kum	Tk 125.
5.	Cordas		5 fardos	20 Taka por pacote	Tk 100.
6.	Fios		5 kg	50 taka por kg	Tk 250
7.	Pregos, cintas metálicas		5 kg	50 taka por kg	Tk 250
8.	Trabalho	Qualificado	3 pessoas por 7 dias	200 taka por pessoa e por dia	4200 Taka
		Pessoal não qualificado	5 pessoas por 7 dias	Tk 150 por pessoa e por dia	Tk 5250
9.	Transporte				Tk 1500.
10	No total				Tk 42126

[2]O custo total de uma nova casa de bambu resistente aos sismos, com telhado de chapa de ferro e uma área de 17,286 metros é de Tk 42126 ou USD 550. O custo unitário da casa por metro quadrado é de Tk 2.437 ou USD 32.

5.3.9   Comparação de custos

Uma comparação dos custos de construção de uma casa de bambu existente e de uma casa de bambu reforçada é mostrada na *Fig. 5.26. 5.26.* Cerca de 10-15% do custo de construção de uma casa de bamboo existente com um telhado de chapa C I é necessário para o reforço, e cerca de 50-60% do custo de construção de uma casa de bamboo existente é necessário para uma nova casa de bamboo que pode suportar cargas laterais.

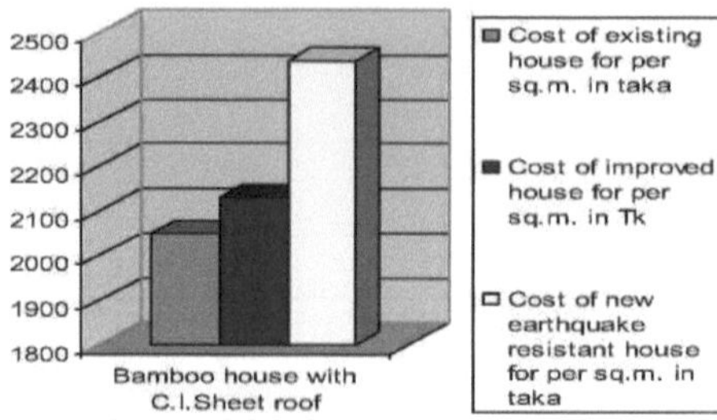

Figura 5.26: Comparação de custos

5.4 Casa de bambu com telhado de telha

As casas de bambu com telhados de telha são um tipo raro de casa de bambu na área de estudo, como mostra a *Fig. 5.27. 5.27* Os telhados de telha são usados no distrito **de Kumarpara**.

Fig. 5.27: Casa típica de bambu com telhado de telha, Devanpur, Pahartoli

5.4.1   Materiais utilizados na construção

i.   Bambu trançado (conhecido localmente como bambu Chati) para as paredes.

ii.   Bambu para os postes e para o sistema de treliças do telhado.
iii.   Telhas.

5.4.2   Sequência de construção

i. Construção da estrutura

(a) Para criar uma base com a altura desejada (457 mm a 762 mm), o solo é preenchido até uma altura de 610 mm a 914 mm e compactado *como mostra a Fig. 5.28. 5.28.*

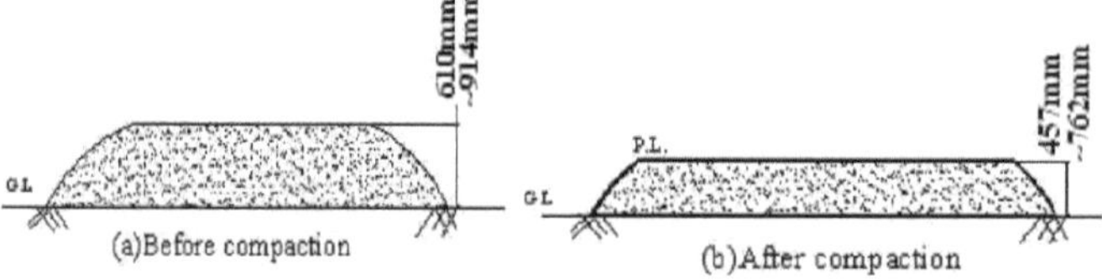

Fig. 5.28: Construção do rodapé.
b) Os furos com uma profundidade de 457 mm a 610 mm são então perfurados no solo no local dos postes, *como mostra a Fig. 5.29. 5.29.*

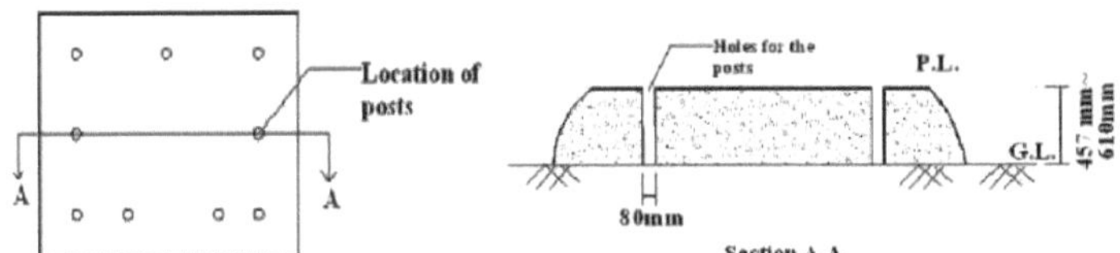

Figura 5.29: Fixação dos mastros ao solo.

c) O bambu é então colocado horizontalmente sobre os postes e fixado aos postes para formar uma estrutura, *como mostra a Fig. 5.30. 5.30.*

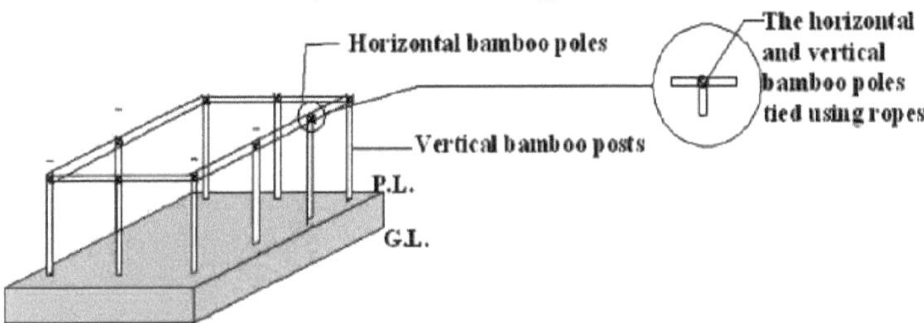

. Fig. 5.30: Construção de armação

ii. Construção do telhado

a) As asnas de bambu são colocadas sobre a estrutura e fixadas a ela com cordas, *como mostra a ilustração*
Fig. 5.31.

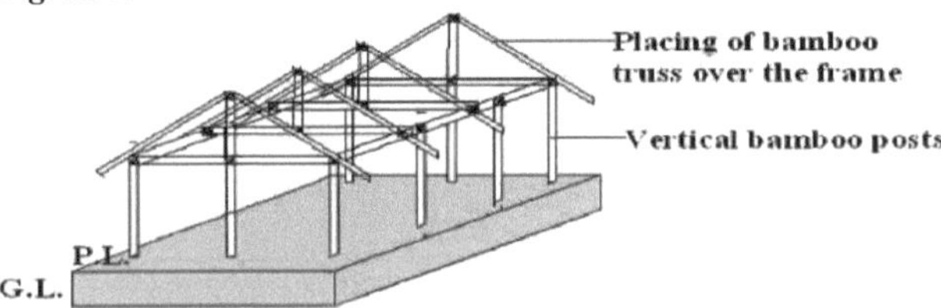

b) Uma placa de bambu rachado é colocada sobre a armação do telhado e fixada a ela com cordas.

c)   *como mostra a Fig. 5.32. 5.32.*

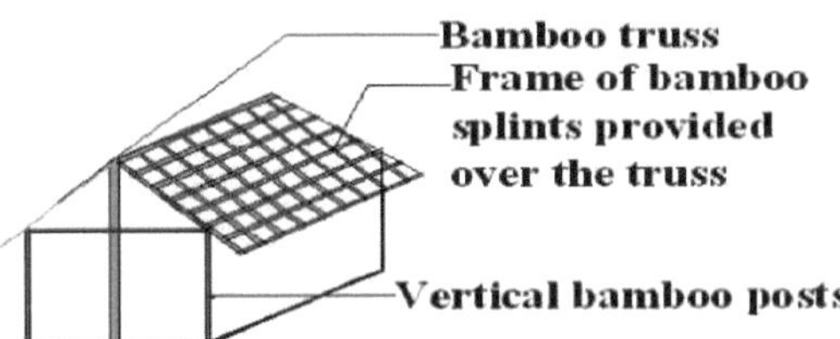

Fig-5.32: Placing of split bamboo panel over the truss.

d) Os azulejos são então colocados no painel *de bambu, como se mostra na Fig. 5.33. 5.33.*

Fig. 5.33: Colocação de telhas para construir um telhado sobre a casa.

iii. **Construção de paredes**

O bambu, a que chamamos "Bera", já está preparado. É depois fixado à estrutura com cabos de aço e cordas.

5.4.3 Configuração estrutural de uma casa de bambu existente com um telhado de telha

A disposição estrutural da casa de tijolo de barro de um só piso existente é mostrada nas *Fig. 5.*34 e *Fig. 5.35*.

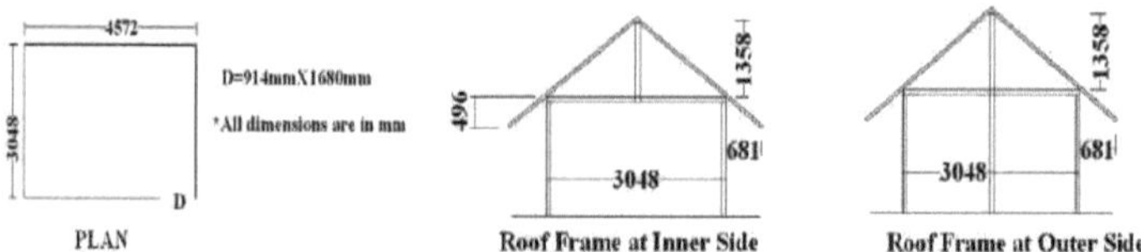

Fig. 5.34 Fig. 5.35: Planta baixa e secção da casa de bambu existente com telhado de telha.

5.4.4 Avaliação de uma casa de bambu existente com telhado de telha

O quadro 5.4 mostra os custos da casa de bambu existente com telhado de telha, utilizando os preços actuais dos materiais.

Tabela-5.4: **Avaliação de uma casa de bambu existente com telhado de telha**

Sl. Não.	Descrição dos artigos		Quantidade	Curso em tk	Custos em Tk
1.	Bambu tecido		27,7 metros quadrados	54 Tk por metro quadrado.	Tk 1500.
2.	Varas de bambu		122 quartos.	50 taka por peça.	Tk 6100
3.	Telhas		360 mas	20 Taka para o n.º.	Tk7200
4.	Madeira para a porta		0,0126cum	8828 taka za kum	Tk 111.
5.	Cordas		3 fardos	20 Taka por pacote	Tk 60.
6.	Fios		1kg	50 taka por kg	Tk 50.
7.	Trabalho	Qualificado	2 pessoas para 7 dias	200 taka por pessoa e por dia	Tk 2800
		Pessoal não qualificado	3 pessoas por 7 dias	Tk 150 por pessoa e por dia	Tk 3150
8.	Transporte				Tk 1000

314

9.	No total			Tk 22021

[2]O custo de uma casa de bambu existente com um telhado de telha e uma área de 13,94 metros é de Tk. 22021 ou US$ 280. O custo unitário da casa existente por metro quadrado é de Tk. 1.580 ou US$ 20.

5.4.5 Desvantagens de uma casa de bambu existente com um telhado de telha

1. Défice geométrico

a) As estruturas verticais de uma casa de bambu são construídas como uma caixa retangular. Quando uma carga lateral actua sobre eles, dobram-se na direção da carga e acabam por colapsar, *como mostra a Fig. 5.36. 5.36* Todo o sistema de treliças do telhado é estável quando actua como uma treliça. A rigidez de uma treliça pode ser verificada utilizando os seguintes critérios:

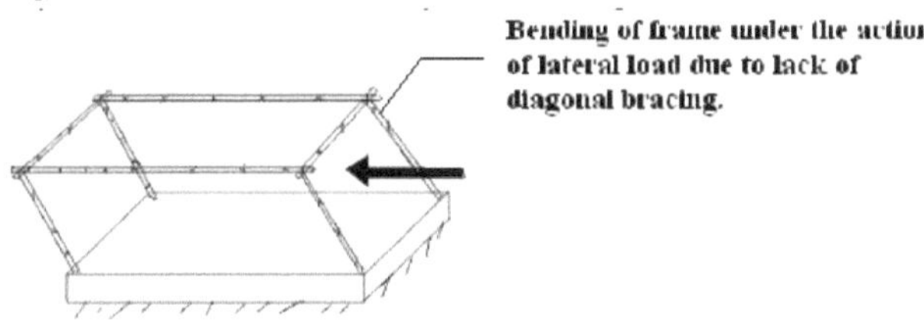

Fig-5.36: Bending of frame due to lateral wind force

À medida que o ângulo de inclinação aumenta, a força de restauração contra a deformação diminui, uma vez que a

Colapso estrutural e o peso do telhado.

b) Há uma tendência para colocar aberturas, especialmente aberturas de portas, no canto da casa, *como mostra a Fig. 5.38,* o que aumenta o risco de colapso devido ao vento ou ao terramoto. As grandes aberturas de canto expõem os postes de canto a grandes forças sísmicas verticais e laterais, *como mostra a Fig. 5.37. 5.37.* As fortes tensões de compressão excêntricas da cobertura, juntamente com as forças sísmicas, podem levar à rotura das escoras.

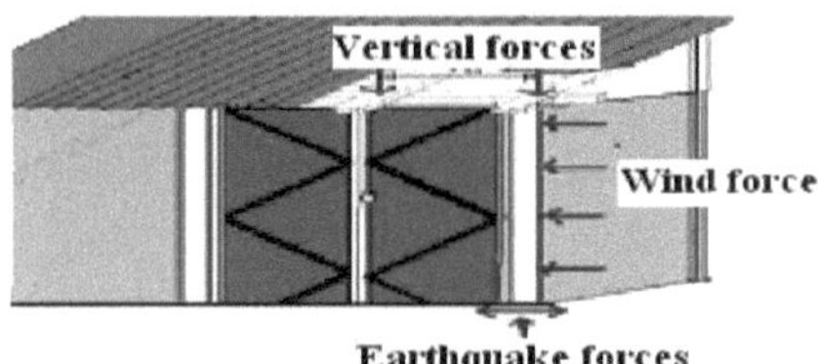

Fig. 5.37: Forças que actuam no pilar da abertura de canto

Figura 5.38: Casa de bambu típica com uma porta a abrir no canto

2. Défice da fundação

a) Os postes não estão firmemente fixados ao solo. São ancorados ao solo simplesmente *cavando* um buraco no *solo, como mostra a Fig. 5.39, fazendo um buraco no solo,* colocando o poste neste buraco e depois compactando o solo circundante para manter o poste no lugar. Num terramoto, quando as ondas abalam o solo tanto vertical como horizontalmente, uma fundação isolada sem ancoragens não consegue suportar essas forças.

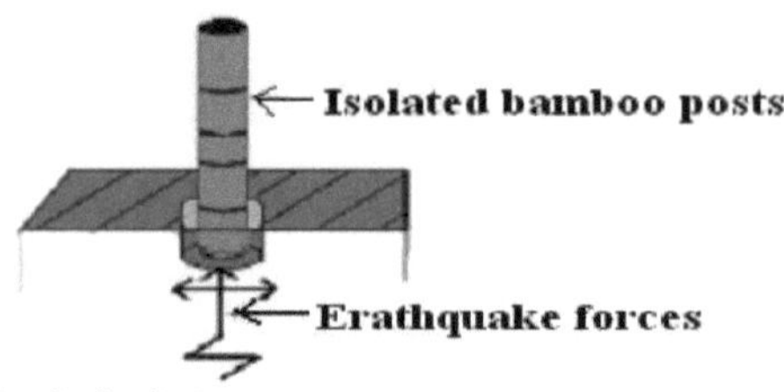

Fig. 5.39: Má ligação da fundação

b) O bambu comummente utilizado não está protegido contra o apodrecimento, fungos, térmitas e humidade elevada em contacto com o solo. O apodrecimento de uma vara de bambu que serve de suporte pode levar ao colapso de toda a estrutura da armação, *como mostra a Fig. 5.40.*

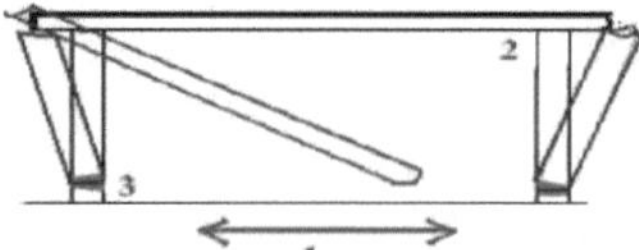

Movimento sísmico 1.Eaitli
2.pino fixo.sem ligação rígida
S.Iiecay devido a fungos, telinites, etc.

Fig. 5.40: Corrosão de postes de bambu devido a infestação por fungos e térmitas, etc.

3. Deficiências no processo de construção

As asnas do telhado nem sempre estão situadas diretamente acima do montante, *como mostra a figura 5.41. 5.41.* Como resultado, a carga da cobertura não é transferida corretamente para a madre. Esta carga actua de forma excêntrica sobre a grelha. Quando é aplicada uma carga lateral, esta não pode ser transferida diretamente para os montantes e cria um momento que acelera o colapso da estrutura.

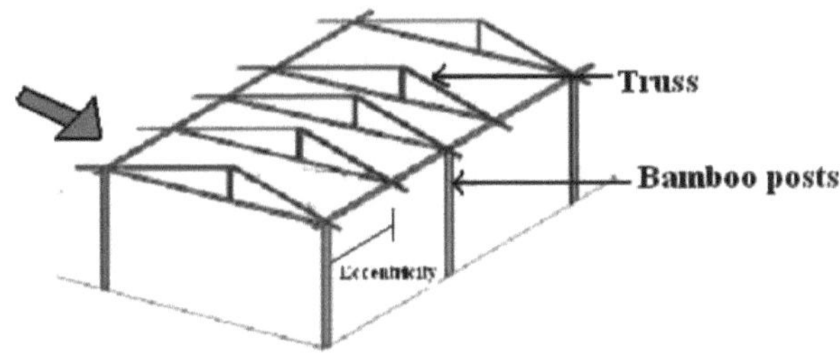

Figura 5.41: Os travessões não estão situados diretamente sobre a prateleira.

Os quadros estão ligados por dobradiças. Todas as partes do pórtico podem mover-se facilmente umas em relação às outras. Embora cada peça seja capaz de transmitir todas as forças axiais e transversais, as ligações rígidas ou as dobradiças são raramente utilizadas.

3. 3. Desvantagens da construção do telhado

Quando se utilizam telhas como material de cobertura, existe um risco acrescido de colapso devido ao seu elevado peso e fragilidade. Podem deslizar facilmente porque não existe uma ligação rígida entre a armação do telhado e as telhas. Uma ligação fraca entre o telhado e os suportes faz com que o sistema de armação do telhado se solte dos suportes.

5.4.6 Método de reforço de uma casa de bambu existente com cobertura de telha

A necessidade de melhorar a resistência sísmica de um edifício existente decorre geralmente da constatação de danos e de um mau comportamento num sismo recente. A tecnologia para reforçar um edifício existente deve ser tal que possa ser adoptada rapidamente e aplicada com recursos limitados.

As opções para reforçar uma casa de bambu existente são resumidas a seguir:
1. Substituição de telhas por placas de C.I. para revestimento de telhados
2. As armações das asnas de cobertura devem ser reforçadas por soldadura ou fixadas com diagonais adequadas.
Nos planos vertical e horizontal, *como mostra a Fig. 5.42. 5.42.*

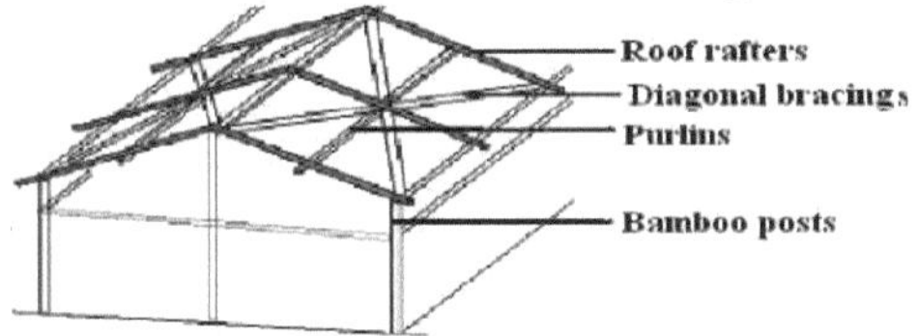

Fig-5.42: Details of new roof bracing

A fixação das asnas do telhado às paredes de suporte de carga deve ser melhorada e o telhado já não deve assentar nas paredes. Se forem usados postes de madeira nas casas de bambu, estes devem ser aparafusados a uma nova tábua que possa segurar as asnas do telhado, *como se mostra na Fig. 5.43. 5.43.*

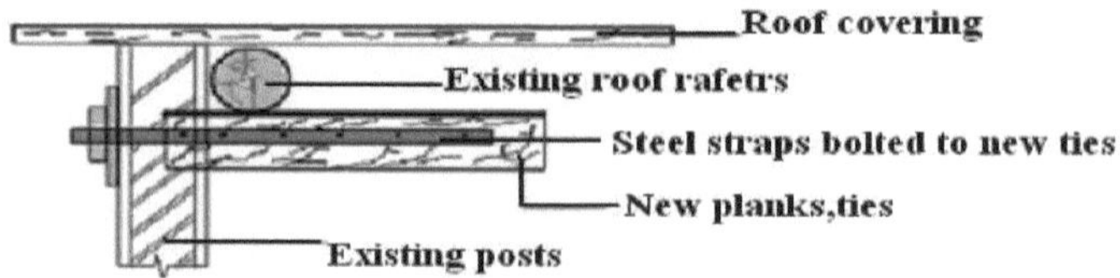

Fig. 5.43: Ligação das escoras e das novas fixações do telhado

Se forem utilizadas varas de bambu, as extremidades devem ser cortadas de modo a que a ligação entre as duas extremidades seja rígida. A ligação é então apertada com uma corda, de modo a que as madeiras da estrutura não se possam mover, *como mostra a Figura 5.44. 5.44.*

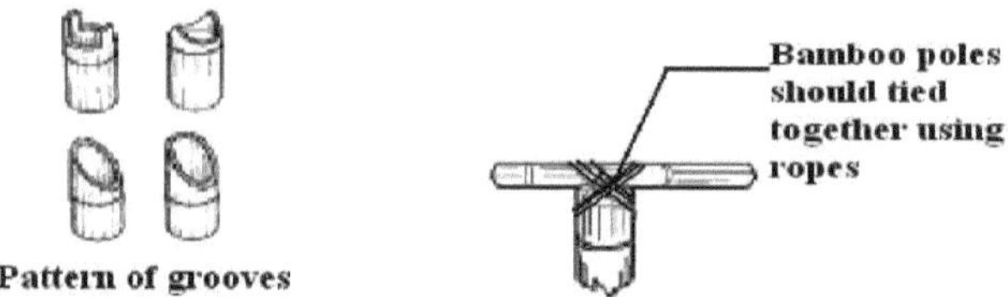

Fig-5.44: End profiles of bamboo poles for using in construction.

5. Outra forma de melhorar a segurança anti-sísmica consiste em reforçar os edifícios para que vibrem como uma unidade. Isto evita a absorção excessiva de energia pelos elementos estruturais e aumenta a resistência sísmica dos edifícios. Nestas casas, as partes superiores das casas estão ligadas às partes inferiores de tal forma que todos os movimentos são transmitidos diretamente dos níveis inferiores para todo o edifício, de modo a que toda a casa vibre como um único corpo rígido. Como resultado, não há tensões desarmónicas e a casa permanece segura. Nas casas de bambu, a rigidez pode ser conseguida através de contraventamentos transversais e ligações triangulares, *como na Fig. 5.45.* Todas as ligações são reforçadas com vigas transversais que podem transferir a força do sismo diretamente para o resto da casa.

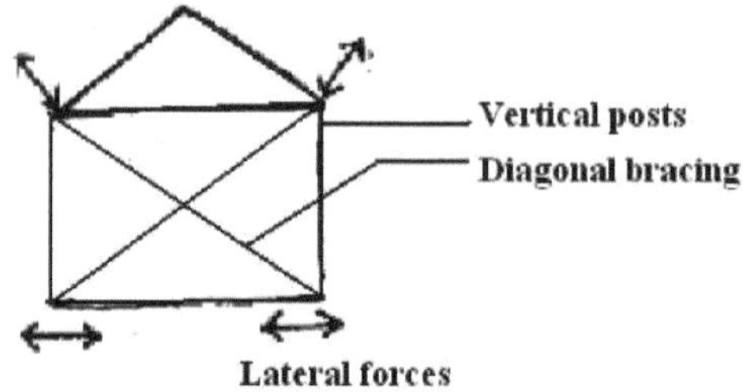

Fig. 5.45: Fixação diagonal entre os postes

6. Eliminação das caraterísticas que representam pontos fracos ou que provocam concentrações de tensões em determinados elementos. Exemplos de tais defeitos são a distribuição assimétrica de elementos de suporte de carga na planta e aberturas grandes ou angulares nas paredes.
7. Devem ser utilizadas varas de bambu tratadas para proteger o bambu da podridão, dos fungos, das térmitas e da humidade elevada em contacto com o solo. Um bloco de c.c. deve

ser instalado como uma fundação em torno de cada vara de bambu. Um bloco de c.c. deve ser instalado à volta de cada vara de bambu. (400 mm x 300 mm) para tornar o suporte imóvel.

8. 4.7 Estimativa de custos para uma casa de bambu melhorada com telhado de telha

Tendo em conta os preços actuais dos materiais, os custos de uma casa de bambu melhorada com um telhado de telha são apresentados no *Quadro 5.5.*

Tabela-5.5: **Estimativa de custos para uma casa de bambu melhorada com telhado de telha**

Sl. Não.	Descrição dos artigos		Número de artigos	Curso em tk	Os custos de cada Elemento em Tk
1.	Bambu tecido		27,7 metros quadrados	54 Tk por metro quadrado.	Tk 1500.
2.	Varas de bambu		145 quartos.	50 taka por peça.	Tk 7250
3.	Painéis C.I. para o telhado		4 Proibições	4 000 taka para a proibição	16000 Taka
4.	Madeira para a porta		0,0126cum	8828 taka za kum	Tk 111.
5.	Cordas		5 fardos	20 Taka por pacote	Tk 100.
6.	Fios		2kg	50 taka por kg	Tk 100.
7.	Pregos e parafusos		1kg	50 taka por kg	Tk 50.
8.	Trabalho	Qualificado	2 pessoas para 7 dias	200 taka por pessoa e por dia	Tk 2800
		Pessoal não qualificado	3 pessoas para 7 dias	Tk 150 por pessoa e por dia	Tk 3150
9.	Transporte				Tk 1000
10	No total				Tk 32061

[2]O custo de uma casa de bambu melhorada com um telhado de telha e uma área de 13,94 metros é de Tk 32061 ou US$ 400. O custo unitário de uma casa nova por metro quadrado é de Tk 2.300 ou US$ 30.

9. 4.8 Desenho da proposta de casa de bambu resistente a sismos com telhado de telha

O planeamento de uma nova casa resistente a sismos pode ser feito em duas fases.

1. Cálculo das cargas e dos diferentes componentes da estrutura.
2. Desenvolvimento de diretrizes de design para este tipo de casa.

O procedimento detalhado para a construção de uma nova casa de bambu resistente a terramotos com um telhado de telha é descrito nas Secções **5.4.8.1** e **5.4.8.2.**

5.4.8.1 . Cálculo do projeto de uma nova casa de bambu à prova de terramotos com telhado de telha

Para as seguintes propriedades dos materiais, são efectuados cálculos para a conceção de

Propriedades materiais do bambu:

Módulo de elasticidade médio na rutura, $fy=124$ N/mm^2

Tensão de tração admissível, $Fs=0,4$ $fy =0,4*124=49,6$N/mm^2

Tensão de compressão admissível, $Fc=0,4fy=49,6$N/mm^2

Módulo de elasticidade, $Eb=15168,5$ N/mm^2

<u>Carga de vento:</u>

Para Chittagong, a velocidade de base do vento é $Vb=260$ km/h (do Quadro-6.2.8, BNBC, 1993) Pressão sustentada do vento, $qz=Cc*CI*Cz *Vb2$ (de acordo com BNBC, Secção-2.4.6.2)

Aplica-se o seguinte: qz = pressão sustentada do vento à altura z, KN/m2

   CI=coeficiente de importância da estrutura=1,00 (de acordo com a BNBC, Quadro - 6.2.9)

   Cc=fator de conversão de velocidade em pressão=47,2E-6

   Cz=coeficiente combinado de altura e exposição=0,801 (de acordo com BNBC, Tabela - 6.2.10)

   Vb=velocidade do vento principal em km/h da secção 2.4.5

Pressão sustentada do vento, $qz=0,801*47,2E-6*1,00*2602=2,56$KN/m2

Pressão de projeto do vento, $Pz=CG*Cp*qz$ (de acordo com BNBC, secção 2.4.6.3)

Em que Pz = pressão de projeto do vento à altura z, KN/m2

   CG=coeficiente de gustação=1,321 (BNBC, Secção-2.4.6.6, Quadro-6.2.11)

   Cp= Coeficiente de pressão para estruturas (BNBC, secção 2.4.6.7)

Para paredes e telhados virados para o vento,

Para a parede, Cpe=0,8 (BNBC, Figura -6.2.5),

Pressão do vento calculada, $Pz=1,321*0,8*2,56=2,705$ KN/m^2

Cpe=0,3 (normal à cumeeira) aplica-se à cobertura (BNBC, Figura -6.2.5),

Pressão do vento calculada, $Pz=1,321*0,3*2,56=1,015$ KN/m

Para a parede de sotavento e o teto,

Cpe= -0,5 aplica-se à parede (BNBC, Figura -6.2.5),

Pressão do vento calculada, $Pz=1,321*(-0,5)*2,56= -1,69$ KNW

Cpe= -0,7 aplica-se à cobertura (BNBC, Figura -6.2.5),

Pressão do vento calculada, Pz=1,321*(-0,7)*2,56= -2,37KN/m2

<u>Exposição a sismos:</u>

Deslocamento da base, V= (ZIC/R)*W (de acordo com BNBC, secção 2.5.6.1)

Onde, Z= Coeficiente de zona sísmica=0,15 (para Zona-2) (de acordo com BNBC, Tabela-6.2.22)

I= coeficiente de significância estrutural=1,00 (de acordo com a BNBC, Tabela 6.2.23)

R= Fator de Modificação da Resposta =6,00 (de acordo com BNBC, Tabela6.2.23)

W= carga sísmica total de acordo com o BNBC, secção 2.5.5.2

C= Coeficientes numéricos (1,25S)/T %

S= Fator de local para as propriedades do solo (de acordo com BNBC, Tabela-6.2.25)

T= período de oscilação fundamental (de acordo com a BNBC, secção 2.5.6.2) = Ct (hn) %

Ct= 0,049 (BNBC, secção 2.5.6.2)

hn = altura em metros acima da superfície de base até ao nível n = 1,68 m.

Isto significa que T=0,0723 segundos e C=7,2

(De acordo com a BNBC, a mudança de base deve ser multiplicada por 1,5),

Deslocação da base=1,5(ZIC/R)*W

<u>Carga morta:</u>

Área total do piso = 13,94 m^2

Comprimento total da parede = 15,24 m

Carga superficial C.I. = 0,12KN/mm^2

Carga através do sistema de treliças do telhado = 7,06KN/m^3

Peso morto da parede = 7,06KN/m3

Peso morto do muro = 2,17 KN

<u>Carga viva:</u>

Carga viva na cobertura = 0,8 KN/m^2

Carga viva na parede=2,705*4,572*1,68=20,8KN

Fundação de Design:

Vamos supor que o solo é do tipo franco-arenoso,

Capacidade de carga do pavimento, qnu=150KN/m2

Ângulo de atrito interno, $f = ZO^0$

Assume-se que o fator de segurança F.S.=3,0

Capacidade de carga admissível do pavimento,qu=150/F.S.=150/3=50KN/m2

Peso específico do solo, y=19 KN/m^3

Profundidade da fundação:

Deve ser prevista uma profundidade mínima de fundação,

[20]Df (min)=(qnu/Y)*{(1-s^)/(1+s^)} =(150/19)*{(1-sin30)/(1+sin30°)}2=870 mm

Largura da fundação:

Carga total da parede = 2,17+20,8=23,0KN

Wall distribution=23.0/4.572=5.03KN/m

Largura mínima da fundação, Bf (min) = 5,03/50=0. lm~100mm

Design de parede deslizante:

Assumir que a profundidade efectiva da parede de corte é d=2500 mm.

l b =2500/0,8=3125 mm

Deslocamento da base sob carga sísmica, V= 1,5(ZIC/R)*W

$$=1.5(0.15*1*7.2/6)*1.81KN=0.33KN$$

Força de corte devido à carga do vento=2,705*1,68*4,572=20,8KN

que é maior do que o cisalhamento causado pelo terramoto,

A conceção é, portanto, efectuada tendo em conta a energia eólica.

[Supondo 12 peças de aros de bambu feitos de varas de f~75 mm com uma espessura de parede de ~6,5 mm].

O tamanho da armadura é (19,64 mm X 6,5 mm)

[22]Área da armadura (carris de bambu),Av=(1/12)*{ft/4*(75 -62)}=116,57 mm^2

V=(Av*Fs*d)/S2

S2=(Av*Fs*d)/V=(116,57 *49,6*2500)/20,8 * 1000=695 mm

S2 é o mínimo dos seguintes valores: S2=lw/5=625 mm; S2=3h=120 mm; S2=450 mm.

. - .S2=120 mm

e S2 é o mínimo de S1=lw/3=1042 mm; S1=3h=120 mm; S1=450 mm.

 . - .S1=120 mm

Os pinos de separação horizontais e verticais têm uma distância de 120 mm em cada direção.

5.4.8.2 Guia de construção de uma casa de bambu resistente a terramotos com telhado de telha

1. fundação: A fundação tem cerca de 300 mm de largura e 900 mm de profundidade, *como mostra a Fig. 5.46. 5.46*. A madeira de bambu é primeiro tratada com conservantes adequados. Primeiro, a areia é despejada a uma profundidade de 250 mm, seguida de cascalho grosso a uma profundidade de 150 mm e uma base de betão para os restantes 500 mm. Estacas de bambu4

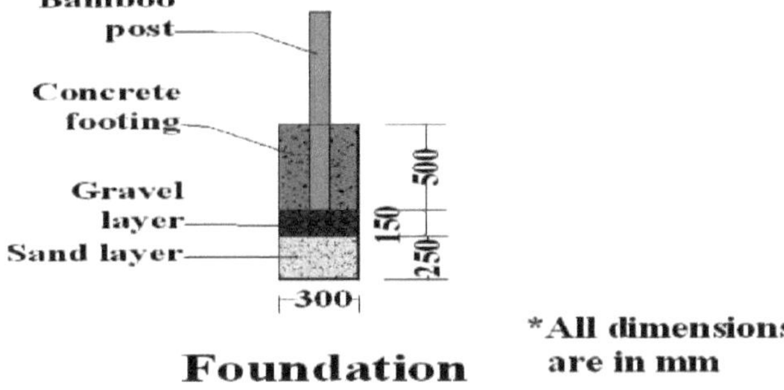

Fig-5.46: Foundation Section

é garantida uma profundidade de fundação de 500 mm. Isto melhora a ancoragem do suporte vertical no solo.

Rodapés: Os rodapés de terra estabilizados com cimento são mais baratos, mais fáceis de construir e mais fáceis de manter. Uma base de argila típica pode ser estabilizada com uma mistura de solo e cimento. Para solos com mais de 40 % de componentes areno-siltosos, uma adição de cimento de 5 % é suficiente. Para solos com um teor de areia inferior, é necessário adicionar areia para aumentar o teor de areia para mais de 40 % e pode ser necessária uma proporção ligeiramente superior de cimento. A estabilização funciona melhor em conjunto com a compactação. Pode ser vertida e compactada à mão e alisada com uma espátula. Para uma maior compactação, pode ser utilizado um simples calcador manual ou uma ripa de madeira. A cura deve demorar pelo menos 3 semanas. Pode ser coberto com serapilheira para reter a humidade e regado regularmente para evitar a secagem.

Parede: O bambu trançado e os suportes verticais podem resistir ao vento. O reforço diagonal deve ser utilizado para reforçar as paredes e reduzir a possibilidade de falha nos cantos, *como mostra a Fig. 5.47.* Como *mostra a Fig. 5.47*, o reforço diagonal deve ser usado devido à pressão desigual nos dois lados da parede. O painel de enquadramento deve ser fornecido com uma esteira de bambu com um espaçamento de 120 mm em cada direção e ligado à fundação e aos postes. Esta esteira de bambu deve ser ligada com arame em cada ponto de ligação, *como mostra a Fig. 5.48. 5.48*. Uma rede de bambu é então colocada no topo da rede para completar a estrutura do solo.

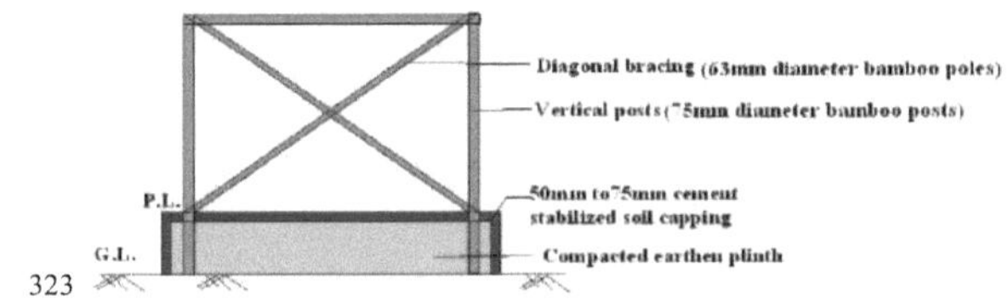

Figura 5.47: Colocação de postes de bambu com contraventamento horizontal e diagonal.

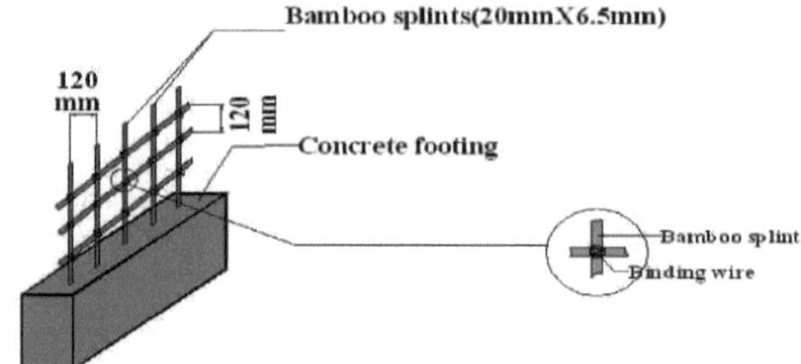

Figura 5.48: Utilização de uma malha de bambu para resistir à carga do vento.

Construção do telhado: A construção do telhado consiste em elementos horizontais de bambu (vigas) suportados por varas de bambu. As vigas de bambu suportam vigas de bambu divididas. As ligações mais importantes na construção do telhado são as ligações entre as vigas e os suportes verticais e as ligações entre as traves e as vigas. Para tornar as casas à prova de ciclones, estas ligações devem ser fortes para resistir à forte força ascendente do ciclone. Podem ser utilizados agrafos metálicos para as ligações, especialmente para a ligação de postes e vigas, *como nas Fig. 5.49 e Fig. 5.50*.

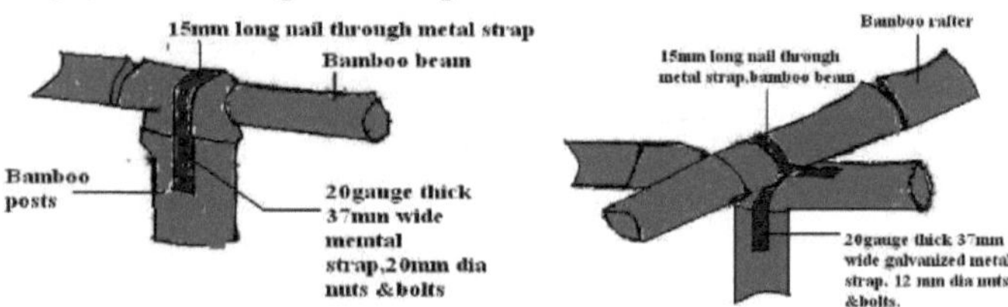

Fig. 5.49 e Fig. 5.50: Ligação de postes, vigas e caibros com grampos metálicos.

5.4.9 Estimativa do custo de uma nova casa de bambu à prova de terramotos com telhado de telha

Tendo em conta os preços actuais dos materiais, os custos de uma nova casa de bambu resistente a sismos com um telhado de telha são apresentados no *Quadro 5.6.*

Tabela-5.6: Estimativa de custos para uma nova casa de bambu resistente a terramotos com telhado de telha

Sl. Não.	Descrição dos artigos	Quantidade Bens	Curso em tk	Os custos de cada Elemento em Tk
1.	Bambu tecido	27,7 metros quadrados	54 Tk por metro quadrado.	Tk 1500.
2.	Varas de bambu	162 Não.	50 taka por peça.	Tk 8100
3.	Painéis C.I. para o telhado	4 Proibições	4 000 taka para a proibição	16000 Taka
4.	Madeira para a porta	0,0137cum	8828 taka za kum	Tk 125.
5.	Cordas	7 fardos	20 Taka por pacote	Tk 140.
6.	Fios	7 kg	50 taka por kg	350 taka

7.	Pregos, parafusos e agrafos metálicos	8 kg		50 taka por kg	Tk 400
8.	Laboratório ou	Qualificado	3 pessoas para 7 dias	200 taka por pessoa e por dia	4200 Taka
		Pessoal não qualificado	5 pessoas por 7 dias	Tk 150 por pessoa e por dia	Tk 5250
9.	Transporte				Tk 1500.
10	No total				Tk 37565

[2]O custo de uma nova casa de bambu resistente ao vento e aos sismos, com um telhado de telha de 13,94 metros de comprimento, é de Tk. 37565 ou US$ 480. O custo unitário de uma casa nova por metro quadrado é de Tk. 2.695 ou US$ 35.

5.4.10 Comparação de custos

A *Fig. 5.51* apresenta uma comparação dos custos de construção da casa de bambu existente, reforçada e proposta. *5.51.* Cerca de 50% do custo de construção da casa de bambu existente com telhado de telha é necessário para o reforço resistente aos sismos e cerca de 75% do custo de construção da casa de bambu existente é necessário para a nova casa de bambu resistente aos sismos.

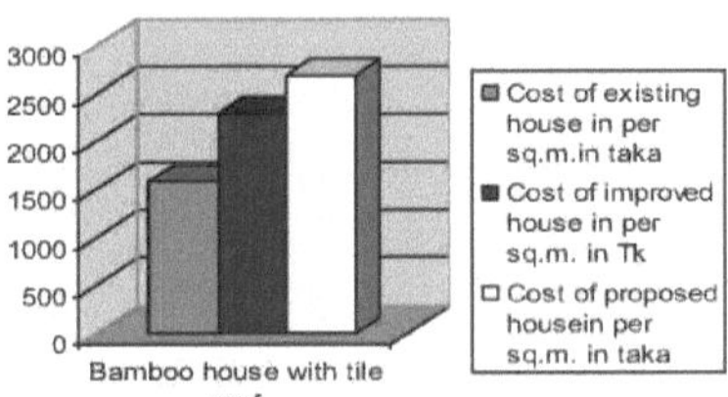

Figura 5.51: Comparação de custos

5.5 Casa rural de bambu com telhado de colmo

A *Fig. 5.52* mostra uma casa de bambu com telhado de colmo, um dos tipos de casa bem conhecidos e comuns nesta zona. *5.52.*

Figura 5.52: Uma casa de bambu típica com um telhado de colmo em **Haihali**

5.5.1 Materiais utilizados na construção:

1. Bambu trançado (bambu Chati) para as paredes ii. Bambu para os postes e as vigas do telhado
111. Palha para o teto.

5.5.2 Processo de construção:
i. <u>Construção da estrutura:</u>
a) Para construir um rodapé com a altura desejada (457 mm a 762 mm), a terra é aterrada a uma altura de 610 mm a 914 mm e compactada *como mostra a Fig. 5.53. 5.53.*

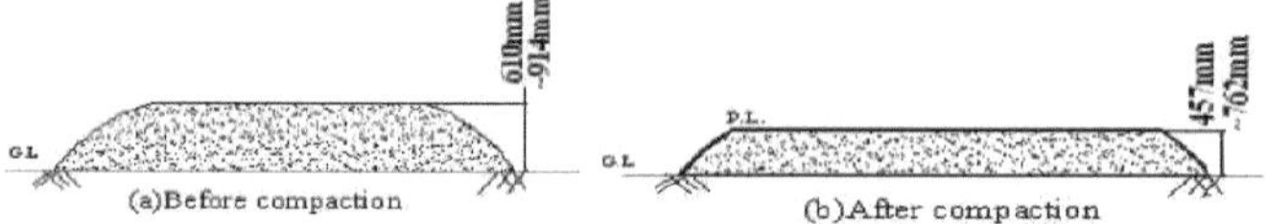

Fig. 5.53: Construção do rodapé.

b) O bambu é então colocado horizontalmente sobre os postes e amarrado aos postes para formar uma armação, *como mostra a Fig. 5.55. 5.55.*

c) Em seguida, são feitos furos no solo onde os postes serão colocados, a uma profundidade de

d) de 457 mm a 610 mm, *conforme ilustrado na Fig. 5.54. 5.54.*

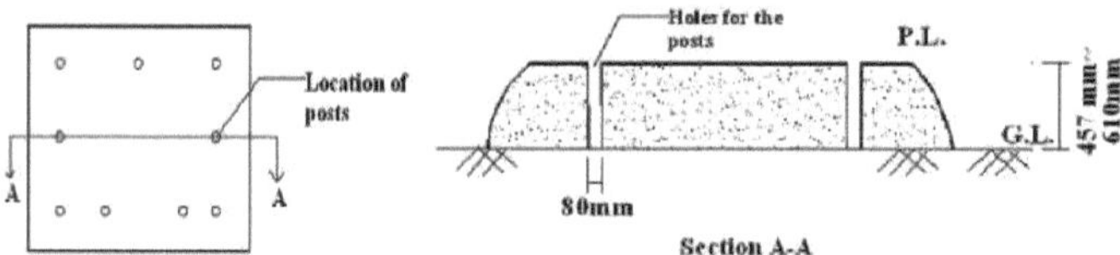

Fig-5.54: Excavation of ground to provide the posts.

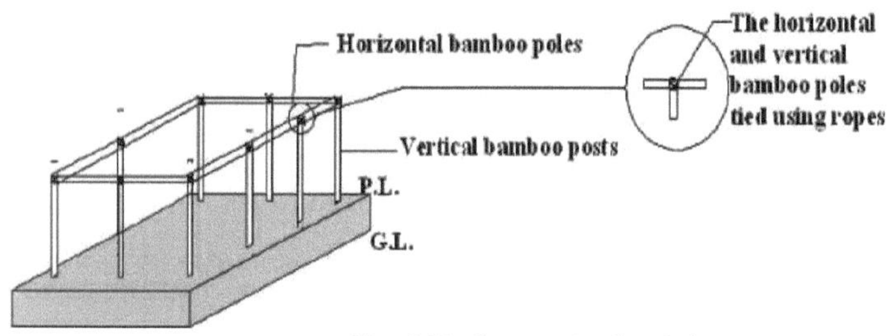

Fig. 5.55: Construção de pórticos.

11. <u>Construção do telhado:</u>
a) As asnas de bambu são colocadas sobre a estrutura e fixadas a ela com cordas, *como mostra a ilustração*

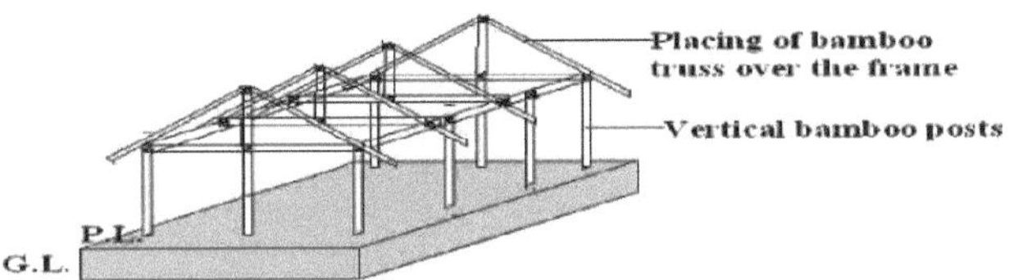

Fig-5.56: Fixing of roof truss over the frame.

b) Uma placa de bambu rachado é colocada sobre a armação do telhado e fixada a ela com cordas, *como mostra a Figura 5.57. 5.57.*

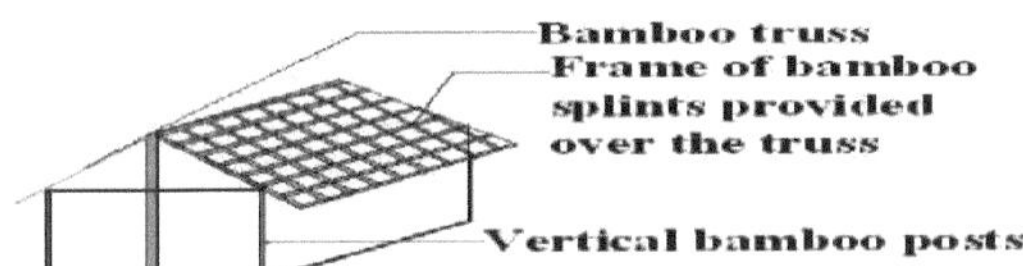

Fig-5.57: Placing of bamboo splint panel over the truss.

c) Em seguida, colocar correias sobre o painel de bambu e fixá-las com cordas, *como mostra a Fig. 5.58. 5.58.*

Fig-5.58: Fixing of straw with the bamboo panel.

3. Construção de paredes:

O bambu trançado, chamado "Bera", é preparado previamente e depois fixado à estrutura com cabos de aço e cordas.

3.3.3 Configuração estrutural de uma casa de bambu existente com telhado de colmo:

A disposição estrutural da casa de bambu existente com telhado de colmo é mostrada nas *Fig. 5.59 e Fig. 5.59. 5.59* e *Fig. 5.60.*

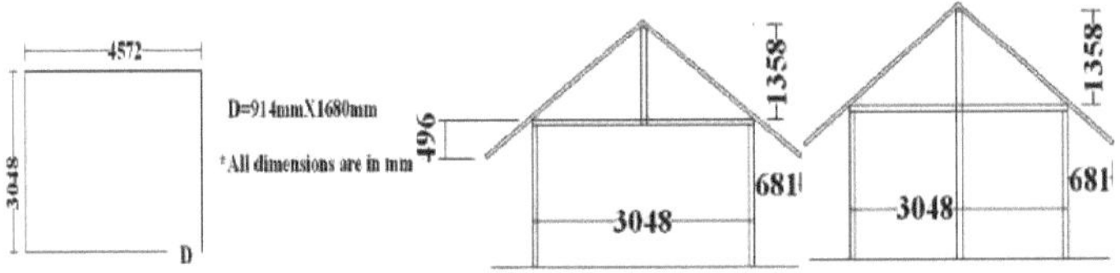

Fig. 5.59 e Fig. 5.60: Planta baixa e alçado da casa de bambu existente com telhado de colmo.

3.5.4 Estimativa de uma casa de bambu existente com telhado de colmo:

Tendo em conta os preços actuais dos vários materiais, foram calculados os custos totais para a casa de bambu existente com telhado de colmo, como se mostra nas *Fig. 5.59 e Fig.*

5.59. 5.59 e *Fig. 5.60*, que estão resumidos no *Quadro 5.7.*

Tabela-5.7: Estimativa de custos para uma casa de bambu existente com telhado de colmo:

Sl. Não.	Descrição da		Quantidade	Curso em tk	Custos
1.	Bambu tecido		28 metros quadrados	54 Tk por metro quadrado.	Tk 1512.
2.	Varas de bambu		119 quartos.	50 taka por peça.	Tk 5950.
3.	Palha para o telhado		7 barras	800 taka para a proibição	Tk 5600
4.	Madeira para a porta		0,0126cum	8828 taka za kum	Tk 111.
5.	Cordas		3 fardos	20 Taka por pacote	Tk 60.
6.	Fios		1kg	50 taka por kg	Tk 50.
7.	Pregos e parafusos		1kg	50 taka por kg	Tk 50.
8.	Trabalho	Qualificado	2 pessoas para 7 dias	200 taka por pessoa por dia	Tk 2800
		Pessoal não qualificado	3 pessoas por 7 dias	Tk 150 por pessoa e por dia	Tk 3150
9.	Transporte				Tk 1000
10	No total				Tk 20283

[2]Os custos totais para a casa de bambu existente com um telhado de colmo e uma área útil de 13,94 metros são os seguintes

O custo unitário de uma casa por 1 metro quadrado é de Tk1455 ou US$18.

5.5.5 Desvantagens da casa de bambu existente com telhado de colmo:

1. Défice geométrico:

a) As estruturas verticais de uma casa de bambu são construídas como uma caixa retangular. Se uma carga lateral atuar sobre elas, *como se mostra na Fig. 5.61*, elas cedem na direção da carga e acabam por colapsar. Todo o sistema de treliças do telhado é estável se atuar como uma treliça. A rigidez de uma treliça pode ser verificada utilizando a seguinte relação:

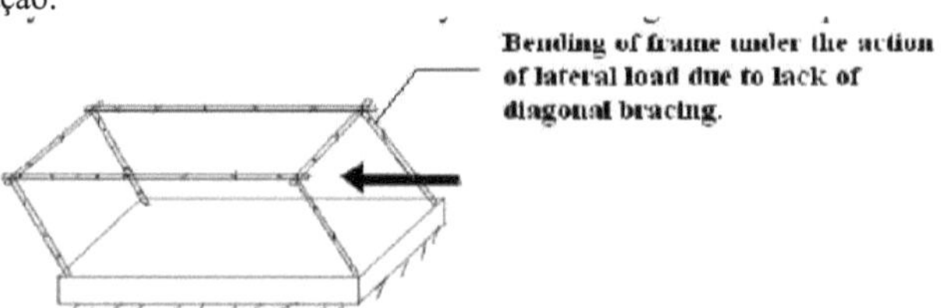

Fig. 5.61: Deflexão da estrutura devido a ventos laterais

À medida que o ângulo de inclinação aumenta, a força de resistência à deformação devida à falha estrutural e ao peso da cobertura diminui.

b) Há uma tendência *para colocar* aberturas, especialmente aberturas de portas, no canto da casa, *como na Fig. 5.63,* o que aumenta o risco de colapso devido ao vento e ao sismo. Com grandes aberturas de canto, os postes de canto estão sujeitos a grandes forças sísmicas verticais e laterais, *como na Fig. 5.62.* As fortes tensões de compressão excêntricas do telhado, juntamente com as forças sísmicas, podem levar ao colapso Posts.

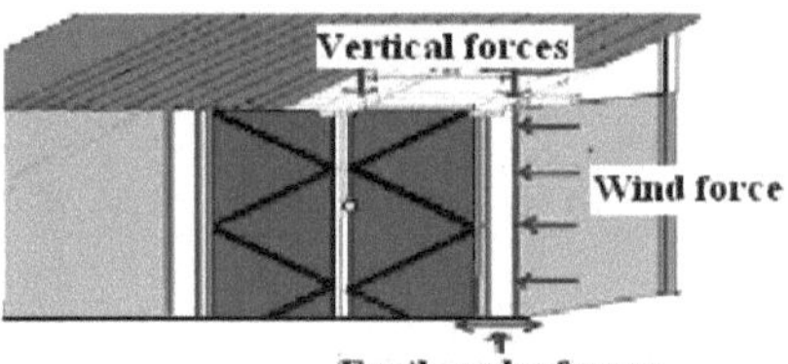

Fig. 5.62: Forças actuando no pilar da abertura de canto

Fig. 5.63: Casa de bambu típica com uma porta no canto

2. Défice da Fundação:

a) Os postes não são ancorados no solo. São ancorados ao solo simplesmente fazendo um buraco no solo, colocando o poste no buraco e depois compactando o solo circundante para manter o poste no lugar. Num sismo, quando as ondas abalam o solo nas direcções vertical e horizontal, uma fundação isolada sem ancoragens não consegue suportar as forças, *como mostra a Fig. 5.64.*

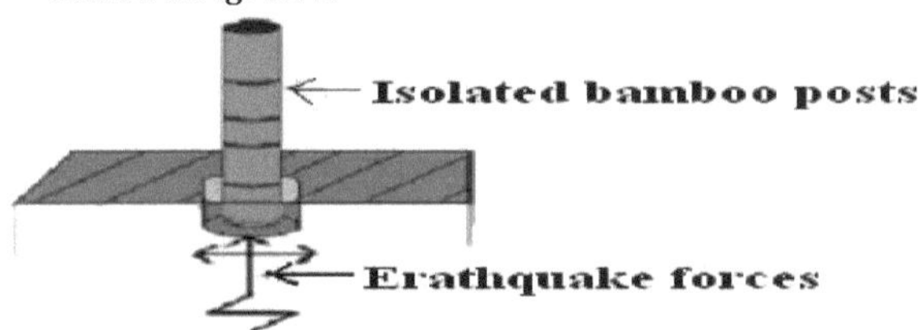

Fig. 5.64: Ligação deficiente da fundação.

b) O bambu comummente utilizado não está protegido contra o apodrecimento, fungos, térmitas e humidade elevada em contacto com o solo. O apodrecimento de uma vara de bambu que serve de suporte pode levar ao colapso de toda a estrutura da armação, *como mostra a Fig. 5.65.*

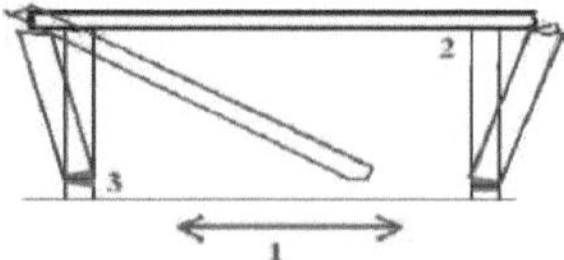

Fig. 5.65: Corrosão de postes de bambu devido a infestação por fungos e térmitas, etc.

3. <u>Defeitos de conceção:</u>

As barras transversais nem sempre estão posicionadas diretamente sobre os postes. Por conseguinte, a carga do

O teto não é corretamente transferido para a escora, **como mostra a Fig. 5.66. 5.66.** Esta carga actua excentricamente no pilar. Quando são aplicadas cargas laterais, estas não podem ser transferidas diretamente para os postes e geram um momento que acelera o colapso da estrutura.

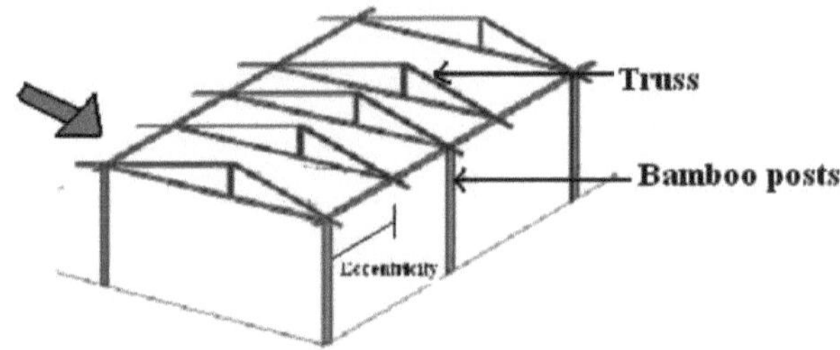

Fig. 5.66: As barras transversais não estão situadas diretamente por cima da cremalheira

Os quadros estão ligados por dobradiças. Todas as partes do pórtico podem mover-se facilmente umas em relação às outras. Embora cada peça seja capaz de transmitir todas as forças axiais e transversais, as ligações rígidas ou as dobradiças são raramente utilizadas.

3.5.6 Uma técnica para reforçar uma casa de bambu existente com um telhado de colmo:

A necessidade de melhorar a resistência sísmica de um edifício existente surge geralmente da constatação de danos e de um mau comportamento num sismo recente. A tecnologia para reforçar um edifício existente deve ser tal que possa ser adoptada rapidamente e aplicada com recursos limitados.

As opções para reforçar uma casa de bambu existente são resumidas a seguir:

1. As armações das asnas de cobertura devem ser reforçadas por soldadura ou fixadas com diagonais adequadas.

nos planos vertical e horizontal, *como mostra a Fig. 5.67. 5.67.*

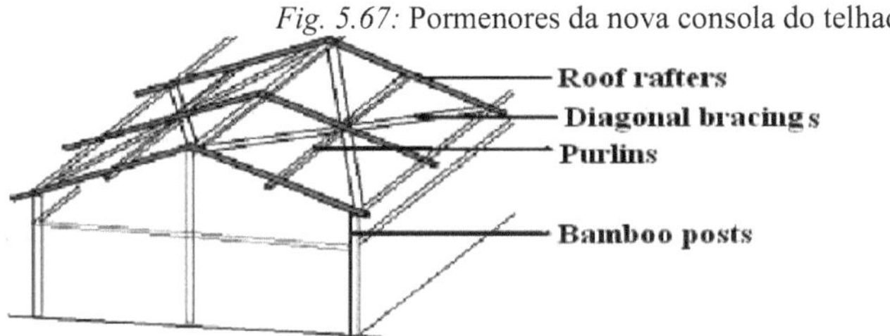

Fig. 5.67: Pormenores da nova consola do telhado

2.É necessário melhorar a fixação da armação do telhado às paredes de suporte de carga e eliminar a carga do telhado nas paredes. Se se utilizarem postes de madeira nas casas de bambu, deve ser aparafusada uma nova tábua aos postes que pode segurar as vigas, *como se mostra na Fig. 5.68. 5.68.*

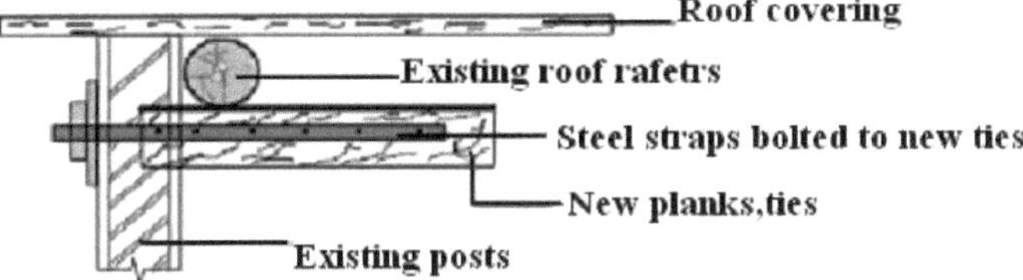

Fig5.68: Connection of post and new roof bracing

3.Se forem utilizadas varas de bambu, as extremidades devem ser cortadas de modo a que a ligação entre as duas extremidades seja rígida. A ligação é depois atada com uma corda, de modo a que as madeiras da estrutura não se possam mover uma em relação à outra, *como mostra a Fig. 5.69. 5.69.*

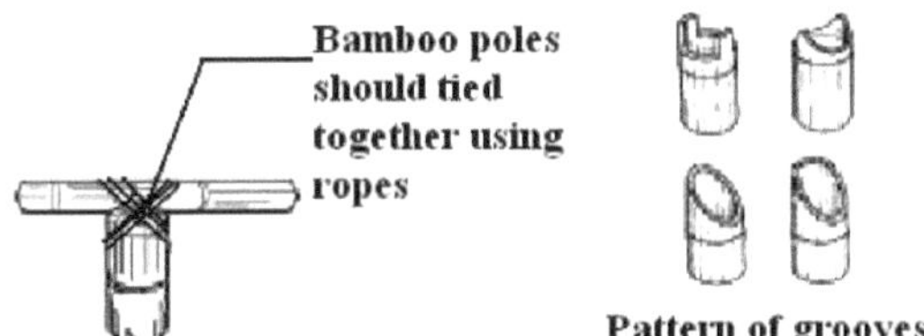

Fig. 5.69: Perfis finais de varas de bambu para utilização na construção.

4.Outra forma de melhorar a segurança anti-sísmica consiste em reforçar os edifícios para que vibrem como uma unidade. Isto evita a absorção excessiva de energia pelos elementos estruturais e aumenta a resistência sísmica dos edifícios. Nestas casas, as partes superiores das casas estão ligadas às partes inferiores de tal forma que todos os movimentos são transmitidos diretamente dos níveis inferiores para todo o edifício, de modo a que toda a casa vibre como um único corpo rígido. Como resultado, não há tensões desarmónicas e a casa permanece segura. Nas casas de bambu, a rigidez pode ser alcançada através de contraventamentos transversais e ligações triangulares, *como na Fig. 5.70.* Todas as ligações são reforçadas com vigas transversais que podem transferir a força sísmica diretamente para o resto da casa.

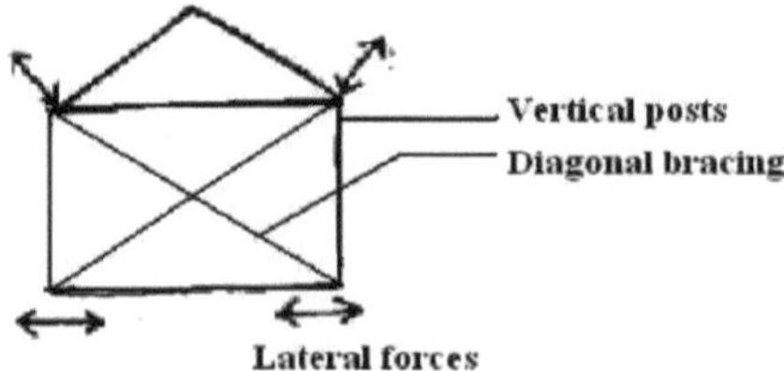

Fig. 5.70: Fixação diagonal entre os postes.

5. Eliminação das caraterísticas que representam pontos fracos ou que provocam concentrações de tensões em determinados elementos. Exemplos de tais defeitos são a distribuição assimétrica de elementos de suporte de carga na planta e aberturas grandes ou angulares nas paredes.
6. Devem ser utilizadas varas de bambu tratadas para proteger o bambu da podridão, dos fungos, das térmitas e da humidade elevada em contacto com o solo. Um bloco de c.c. deve ser instalado como uma fundação em torno de cada vara de bambu. Um bloco de c.c. deve ser instalado à volta de cada vara de bambu. (400 mm x 300 mm) para tornar o suporte imóvel.

3.5.7 Estimativa do custo de uma casa de bambu melhorada com telhado de colmo:

Tendo em conta os preços actuais dos diferentes materiais usados *para a* construção de uma casa melhorada de bambu com telhado de colmo, os custos estimados são apresentados no *Quadro 5.8.*

Tabela-5.8: **Estimativa de custo para uma casa de bambu melhorada com telhado de palha**

Sl. Não.	Descrição dos artigos		Número de artigos	Curso em tk	Custos Elementos vTC
1.	Bambu tecido		28 metros quadrados	54 Tk por metro quadrado.	Tk 1512.
2.	Varas de bambu		146 quartos.	50 taka por peça.	Tk 7300.
3.	Painéis C.I. para o telhado		7 barras	800 taka para a proibição	Tk 5600
4.	Madeira para a porta		0,0126cum	8828 taka za kum	Tk 111.
5.	Cordas		8 molhos	20 Taka por pacote	Tk 160
6.	Fios		5 kg	50 taka por kg	Tk 250
7.	Pregos e parafusos		1kg	50 taka por kg	Tk 50.
8.	Laborat ório ou	Qualificado	2 pessoas para 7 dias	200 taka por pessoa e por dia	Tk 2800

		Pessoal não qualificado	3 pessoas por 7 dias	Tk 150 por pessoa e por dia	Tk 3150
9.	Transporte				Tk 1000
10	No total				Tk 21933

[2]O custo total de uma casa de bambu melhorada com telhado de colmo e uma área de 13,94 m é Tk 21933 ou US$ 275. O custo unitário da casa por metro quadrado é Tk 1.574 ou US$ 20.

3.5.8 Projeto de uma casa de bambu à prova de terramotos com telhado de colmo:

O planeamento de uma nova casa à prova de sismos pode ser feito em duas fases.

1. Cálculo das cargas e dos diferentes componentes da estrutura.
2. Desenvolvimento de diretrizes de design para este tipo de casa.

O procedimento detalhado para a construção de uma nova casa de bambu resistente a sismos com um telhado de colmo é descrito nas secções **5.5.8.1** e **5.5.8.2.**

5.5.8.1 Cálculo do projeto de uma nova casa de bambu à prova de sismos com telhado de colmo

O cálculo é efectuado tendo em conta as seguintes propriedades do material para efeitos de conceção.

Propriedades materiais do bambu:

Módulo de elasticidade médio na rutura, $fy=124$ N/mm^2

Tensão de tração admissível, $Fs=0,4$ fy $=0,4*124=49,6$N/mm^2

Tensão de compressão admissível, $Fc=0,4$ fy $=49,6$N/mm^2

Módulo de elasticidade, $Eb=15168,5$ N/mm^2

Carga de vento:

Para Chittagong, a velocidade de base do vento é $Vb=260$ km/h (do Quadro-6.2.8, BNBC, 1993) Pressão sustentada do vento, $qz=Cc*CI*Cz *Vb2$ (de acordo com BNBC, Secção-2.4.6.2)

Aplica-se o seguinte: qz = pressão sustentada do vento à altura z, KN/m2

CI=coeficiente de importância da estrutura=1,00 (de acordo com a BNBC, Quadro - 6.2.9)

Cc=fator de conversão de velocidade em pressão=47,2E-6

Cz=coeficiente combinado de altura e exposição=0,801 (de acordo com BNBC, Tabela - 6.2.10)

Vb=velocidade do vento principal em km/h da secção 2.4.5

Pressão sustentada do vento, $qz=0,801*47,2E-6*1,00*2602=2,56$KN/m2

Pressão de projeto do vento, $Pz=CG*Cp*qz$ (de acordo com BNBC, secção 2.4.6.3)

Em que Pz = pressão de projeto do vento à altura z, KN/m^2

CG=coeficiente de gustação=1,321 (BNBC, Secção-2.4.6.6, Quadro-6.2.11)

Cp= Coeficiente de pressão para estruturas (BNBC, secção 2.4.6.7)

Para paredes e telhados virados para o vento,

Para a parede, Cpe=0,8 (BNBC, Figura -6.2.5),

Pressão do vento calculada, $Pz=1,321*0,8*2,56=2,705$ KN/m^2

Cpe=0,3 (normal à cumeeira) aplica-se à cobertura (BNBC, Figura -6.2.5),

Pressão do vento calculada, $Pz=1,321*0,3*2,56=1,015$ KN/m2

Para a parede de sotavento e o teto,

Cpe= -0,5 aplica-se à parede (BNBC, Figura -6.2.5),

Pressão do vento calculada, $Pz=1,321*(-0,5)*2,56= -1,69$ KNW

Cpe= -0,7 aplica-se à cobertura (BNBC, Figura -6.2.5),

Pressão do vento calculada, $Pz=1,321*(-0,7)*2,56= -2,37$KN/m2

<u>Exposição a sismos:</u>

Deslocamento da base, V= (ZIC/R)*W (de acordo com BNBC, secção 2.5.6.1)

Onde, Z= Coeficiente de zona sísmica=0,15 (para Zona-2) (de acordo com BNBC, Tabela-6.2.22)

I= coeficiente de significância estrutural=1,00 (de acordo com a BNBC, Tabela 6.2.23)

R= Fator de Modificação da Resposta =6,00 (de acordo com BNBC, Tabela6.2.23)

W= carga sísmica total de acordo com o BNBC, secção 2.5.5.2

C= Coeficientes numéricos (1,25S)/T %

S= Fator de local para as propriedades do solo (de acordo com BNBC, Tabela-6.2.25)

T= Período de oscilação fundamental (de acordo com a BNBC, secção 2.5.6.2) = Ct (hn) %

Ct= 0,049 (BNBC, secção 2.5.6.2)

hn = altura em metros acima da superfície de base até ao nível n = 1,68 m.

Isto significa que T=0,0723 segundos e C=7,2

(De acordo com a BNBC, a mudança de base deve ser multiplicada por 1,5),

Deslocação de base, V=1,5(ZIC/R)*W

<u>Carga morta:</u>

Área total do piso = 13,94 m^2

Comprimento total da parede = 15,24 m

Carga superficial C.I. = 0,12KN/mm^2

Carga através do sistema de treliças do telhado = 7,06KN/m^3

Peso morto da parede = 7,06KN/m3

Peso morto do muro = 2,17 KN

<u>Carga viva:</u>

Carga viva na cobertura = 0,8 KN/m^2

Carga viva na parede=2,705*4,572*1,68=20,8KN

Fundação de Design:

Assumir que o solo é do tipo franco-arenoso,

Capacidade de carga do pavimento, qnu=150KN/m2

Ângulo de atrito interno, f = ZO^0

Assume-se que o fator de segurança F.S. =3,0.

Capacidade de carga admissível do pavimento, qu=150/F.S.=150/3=50KN/m2

Peso específico do solo, y=19 KN/m^3

<u>Profundidade da fundação:</u>

Deve ser prevista uma profundidade mínima de fundação,

^{2}Df (min)= (dpi/u)*{(1-8lpf)/(1+8lpf)} =(150/19)*{(1-8lp30°)/(1+8lp30°)} =870tn^2

<u>Largura da fundação:</u>

Carga total da parede = 2,17+20,8=23,0KN

Wall distribution=23.0/4.572=5.03KN/m

Largura mínima da fundação, Bf (min) = 5,03/50=0,1m~100mm

Design de parede deslizante:

Assumir que a profundidade efectiva da parede de corte é d=2500 mm.

l b =2500/0,8=3125 mm

Deslocamento da base sob carga sísmica, V= 1,5(ZIC/R)*W

$$=1.5(0.15*1*7.2/6)*1.81KN=0.33KN$$

Força de corte devido à carga do vento=2,705*1,68*4,572=20,8KN

que é maior do que o deslocamento causado pelo terramoto,

A conceção é, portanto, efectuada tendo em conta a energia eólica.

[Supondo 12 peças de aros de bambu feitos de varas de f~75 mm com uma espessura de parede de ~6,5 mm].

O tamanho da armadura é (19,64 mm X 6,5 mm)

[22]Área do reforço (pneu de bambu), $Av=(1/12)*\{ft/4*(75 -62)\}=116{,}57$ mm^2

$V=(Av*Fs*d)/S2$

$S2=(Av*Fs*d)/V=(116.57*49.6*2500)/20.8*1000=695$mm

S2 é o mínimo dos seguintes valores: S2=lw/5=625 mm; S2=3h=120 mm; S2=450 mm.

. - .S2=120 mm

e S2 é o mínimo de S1=lw/3=1042 mm; S1=3h=120 mm; S1=450 mm.

 . - . S1=120 mm

1.1.1. . Orientações para a construção de uma casa de bambu resistente a sismos com cobertura de colmo

1. Fundação: A fundação tem cerca de 300 mm de largura e 900 mm de profundidade, *como mostra a Fig. 5.71. 5.71*. A madeira de bambu é primeiro tratada com conservantes adequados. Primeiro, coloca-se areia a uma profundidade de 250 mm, seguida de cascalho grosso a uma profundidade de 150 mm e uma base de betão para os restantes 500 mm. As estacas de bambu são colocadas a 500 mm de profundidade na fundação. Isto melhora a ancoragem dos suportes verticais no solo.

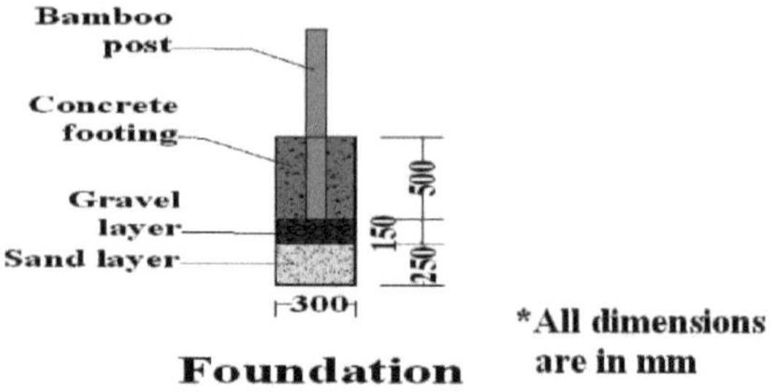

Fig. 5.71: Secção através da fundação.

2. Rodapés: Os rodapés de terra estabilizados com cimento são mais baratos, mais fáceis de construir e mais fáceis de manter. Uma base de argila típica pode ser estabilizada com uma mistura de solo e cimento. Para solos com mais de 40 % de componentes areno-siltosos, uma adição de cimento de 5 % é suficiente. Para solos com um teor de areia inferior, é necessário adicionar areia para aumentar o teor de areia para mais de 40 % e pode ser necessária uma proporção ligeiramente superior de cimento. A estabilização funciona melhor em conjunto com a compactação. Pode ser vertida e compactada à mão e alisada com uma espátula. Para uma maior compactação, pode ser utilizado um simples calcador manual ou uma ripa de madeira. A cura deve demorar pelo menos 3 semanas. Pode ser coberto com serapilheira para reter a humidade e regado regularmente para evitar a secagem.

3. todos: O vento pode ser intercetado por bambu trançado e por contraventamentos verticais. O contraventamento diagonal deve ser usado para reforçar as paredes e reduzir a probabilidade de falha nos cantos devido à pressão desigual nos dois lados da parede. O painel da estrutura deve ser provido de uma malha folheada de bambu com um espaçamento de 120 mm em cada direção e ligado à fundação e aos apoios. Esta malha de bambu deve ser colada com arame em cada ponto de ligação. O bambu tecido é então colocado no topo da malha para completar a estrutura do chão, *como na Fig. 5.72 e Fig. 5.73.*

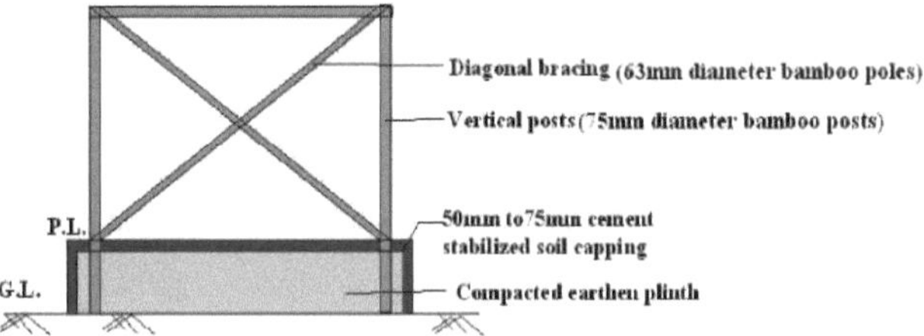

Fig. 5.72: Instalação de estacas de bambu com contraventamento horizontal.

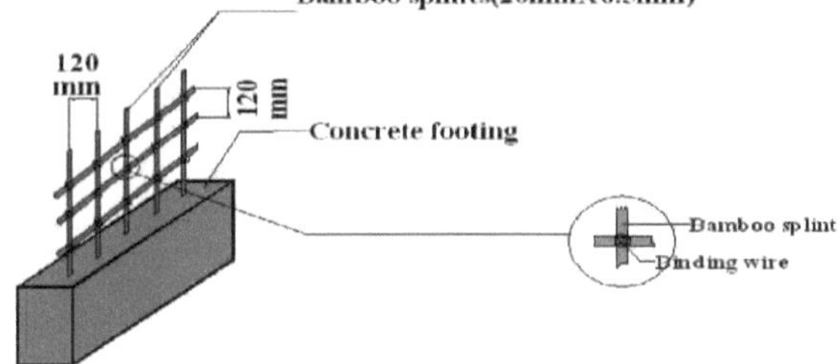

Fig. 5.73: Malha de bambu para absorver a carga do vento.

4. Construção do telhado: A construção do telhado consiste em elementos horizontais de bambu (vigas) suportados por varas de bambu. As vigas de bambu suportam vigas de bambu divididas. As ligações mais importantes na construção do telhado são as ligações entre as vigas e os suportes verticais e as ligações entre as traves e as vigas. Para tornar as casas à prova de ciclones, estas ligações devem ser fortes para resistir à forte força ascendente do ciclone. Podem ser utilizados agrafos metálicos para as ligações, especialmente para as ligações entre postes e vigas, *como na Fig. 5.74 e Fg-5.74.*

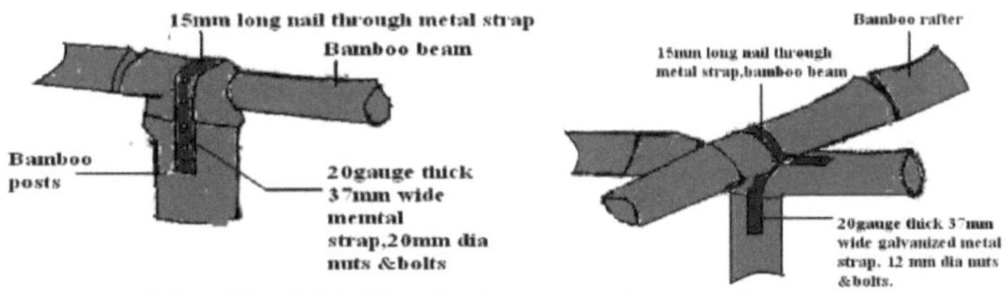

Fig. 5.74 e Fig. 5.75: Ligação de postes, vigas e caibros com grampos metálicos.

5.5.9. Estimativa do custo de uma nova casa de bambu à prova de terramotos com telhado de colmo:

A estimativa de custos para uma nova casa de adobe de dois andares resistente a sismos é apresentada no *Quadro 5.9*, tendo em conta os custos actuais dos materiais.

Tabela-5.9: Estimativa de custos para uma nova casa de bambu resistente a terramotos com telhado de colmo

Sl.no.	Descrição dos artigos		Quantidade	Curso em tk	Custos para o BDT
1.	Bambu tecido		28 metros quadrados	54 Tk por metro quadrado.	Tk 1562
2.	Varas de bambu		162 Não.	50 taka por peça.	Tk 8100
3.	Painéis C.I. para o telhado		7 barras	800 Taka por peça	Tk 5600
4.	Madeira para a porta		0,0126cum	8828 taka za kum	Tk 111.
5.	Cordas		7 fardos	20 Taka por pacote	Tk 140.
6.	Fios		7 kg	50 taka por kg	350 taka
7.	Pregos, parafusos e agrafos		8 kg	50 taka por kg	Tk 400
8.	Trabalho	Qualificado	3 pessoas por 7 dias	200 taka por pessoa e por dia	4200 Taka
		Pessoal não qualificado	5 pessoas para 7 dias	Tk 150 por pessoa e por dia	Tk 5250
9.	Transporte				Tk 1500.
10	No total				Tk 27213

[2]O custo total de uma nova casa de bambu resistente a terramotos com um telhado de colmo e uma área de 13,94 metros é de Tk 27213 ou US$ 350. O custo unitário da casa por metro quadrado é de Tk 1.952 ou US$ 24.

5.5.10. Comparação de custos

Uma comparação dos custos de construção da casa de bambu existente, da reforçada e da proposta é mostrada na *Fig. 5.76. 5.76.*

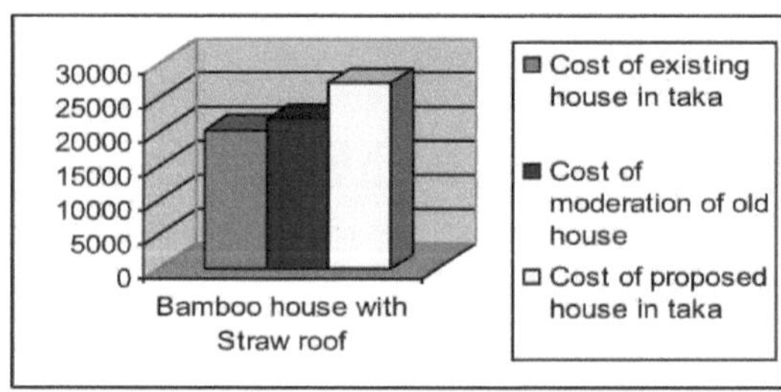

Figura 5.76: Comparação de custos

A figura acima mostra que a reabilitação sísmica das casas de bambu rurais existentes, sismicamente fracas, requer apenas **10-12% dos** custos de construção de uma casa de bambu existente com um telhado de colmo. Por outro lado, a construção de uma nova casa de bambu resistente a sismos com um telhado de colmo requer cerca de **30-35% dos** custos de construção da casa existente.

Capítulo 6
Casa não técnica em alvenaria de tijolo

6.1 Introdução

Só neste século, cerca de três milhões de pessoas perderam a vida em terramotos. A maioria destas mortes deve-se ao colapso de edifícios de alvenaria que não foram construídos de acordo com as regras da engenharia: Foi o caso da Índia, do Nepal, da China, da Turquia, do Chile, do Paquistão, da Nicarágua e da Guatemala. A alvenaria é o material de construção mais utilizado e as casas de alvenaria são as mais susceptíveis de sofrer danos graves em caso de sismos. A alvenaria refere-se geralmente a edifícios feitos de tijolos queimados, betão sólido, blocos de argamassa ou pedra. Neste tipo de construção, não existem barras de reforço para resistir às forças de tração exercidas sobre o edifício por vários tipos de cargas laterais (por exemplo, vento, terramoto, etc.). No Bangladesh, as casas de alvenaria são muito utilizadas tanto nas zonas rurais como nas zonas urbanas. Tal como descrito nos capítulos anteriores, há uma procura crescente nas zonas rurais, uma vez que são muito duráveis em comparação com outros tipos de casas tradicionais. Atualmente, as pessoas com rendimentos médios nas zonas rurais tendem a construir casas de alvenaria. Recentemente, isto é visto como um sinal de estatuto socioeconómico nas zonas rurais do Bangladesh.

6.2 Estado atual das casas de alvenaria de tijolo

A área de **Pahartoli** Raosan Upazilla no distrito de Chittagong não é uma área bem desenvolvida. Cerca de 19% das pessoas vivem em casas de alvenaria com telhados de estanho C.I. e treliças de madeira que suportam o telhado, **como mostram as *Figuras 6.1 e 6.2. 6.1 e Fig. 6.2*.**

Figura 6.1 e Figura 6.2: Casas de alvenaria existentes em Devanpur e Unshattarpara

6.3 Materiais utilizados na construção

Os materiais utilizados para construir uma casa de pedra são os seguintes

  i.   Tijolo
  ii. Areia
  iii. Cimento
  iv. Chapas C.I. (como material de cobertura)
  v.   Aço como material de reforço em lintéis
  vi. Madeira - a) Para asnas - 1) madre (50 mmX25 mm)

        2) Vigas, vigas de ligação e vigas de colarinho (65 mm x 50 mm)

        3) Travessa (75 mmX75 mm) e

        4) Viga longitudinal de madeira (100 mmX75 mm)

b) Para portas e janelas (65 mmX65 mm), (50 mmX65 mm).

6.4 Sequência de construção

1. Construção da fundação e do plinto:

   a) Em primeiro lugar, é escavada uma vala com 600 mm de profundidade e 660 mm de largura à volta do perímetro do edifício para criar uma fundação com 510 mm de largura.

   b) É colocada uma camada de areia de 75 mm de espessura no fundo da vala, seguida de uma camada de terra de tijolo de 75 mm de espessura. Uma camada de 75 mm de terra com 510 mm de largura é colocada sobre a terra de tijolo.

   c) Sobre esta camada de tijolos de argamassa é colocada uma camada de tijolos com uma largura de 510 mm e uma profundidade de 75 mm. Sobre esta camada de tijolos, são colocadas sucessivamente duas camadas de tijolos com 380 mm de largura e 150 mm de profundidade e 254 mm de largura e 150 mm de profundidade.

2. Construção de paredes:

   Acima da base, existem paredes de 127 mm de espessura à altura desejada (normalmente

   2440 mm - 3050 mm). As paredes são erguidas em três fases -

   a) Em primeiro lugar, as paredes são levantadas até ao rebordo superior das portas e janelas.

   b) Os lintéis são então instalados. Algumas casas só têm lintéis por cima das portas e janelas, enquanto outras têm lintéis contínuos.

   c) O resto da parede é então construído sobre o lintel até à altura do telhado.

3. Construção do telhado:

   a) Vários varões de aço vão desde o nível do lintel até ao nível do telhado, ligando a treliça do telhado às paredes. Existem vigas de madeira por cima da parede em ambas as direcções, que são fixadas à parede com varões de aço estendidos.

   b) As vigas transversais situam-se acima das vigas longitudinais. A distância entre duas vigas consecutivas varia entre 1220 mm e 1830 mm, consoante a dimensão da casa.

   c) As treliças do telhado são depois colocadas sobre as vigas de madeira e pregadas no lugar.

   d) A cobertura do telhado (chapa C.I.) é então colocada sobre a estrutura do telhado e fixada com pregos e parafusos.

4. Construção do pavimento:

   É utilizada uma rede de cimento com uma profundidade total de 300 mm para a construção do pavimento.

   Acabamento, camada C. C, sujidade de tijolo e camada de areia 20 mm, 75 mm, 75 mm e

   130 mm de cima para baixo. A parte restante é preenchida com terra.

6.5 Configuração estrutural da casa de tijolo existente

A planta baixa de uma casa de alvenaria típica existente é mostrada na *Fig. 6.3. 6.3, a Fig. 6.4* e *a Fig. 6.5* mostram secções através da casa.

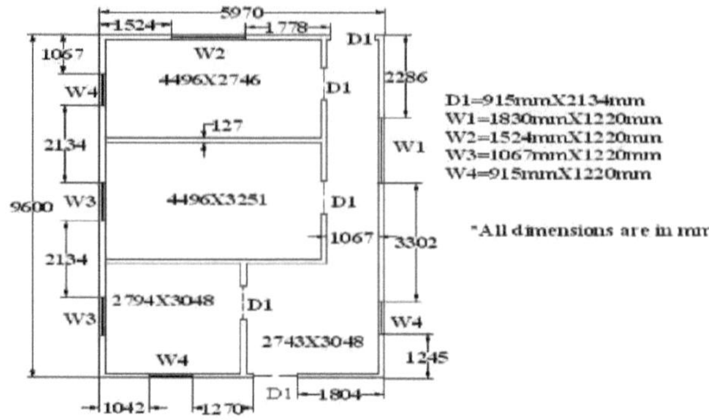

PLANO

Figura 6.3: Planta da casa de tijolo existente.

Fig. 6.5: Secção transversal da treliça ***Fig. 6.6:*** Ligação entre a chapa de IC e as madres.

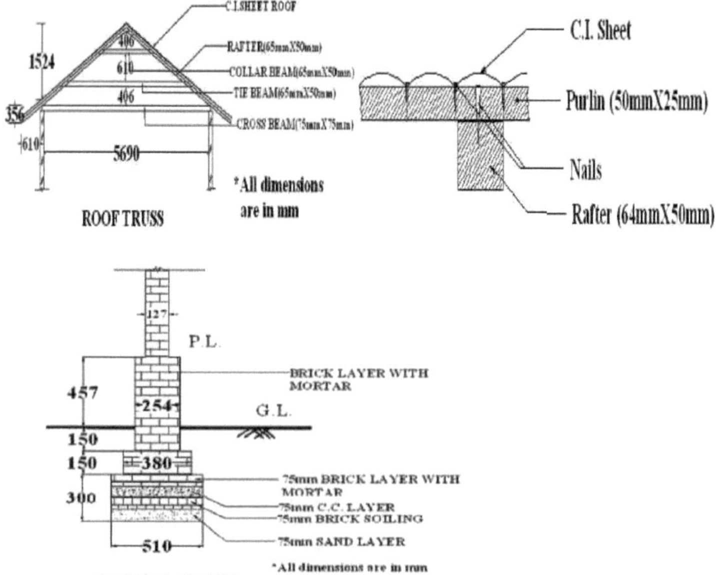

Figura 6.4: Secção transversal através da fundação de uma casa de alvenaria existente.

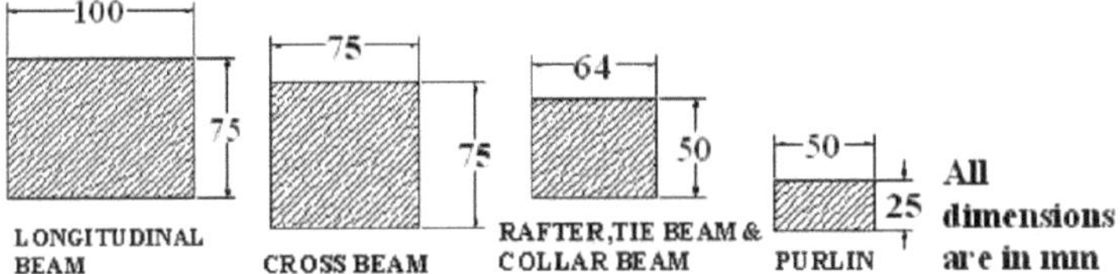

Fig-6.7: Section of wooden bar used as roofing material.

As madeiras utilizadas para a construção da armação do telhado são apresentadas na ***Fig. 6.7. 6.7.***

Avaliação de um edifício de alvenaria existente
Tendo em conta os preços actuais dos materiais, o custo de construção de uma casa típica de tijolo é apresentado no ***Quadro 6.1.***

Quadro 6.1: Custos de uma casa existente em alvenaria de tijolo

SL NO.	Descrição dos artigos	Quantidade Bens	Curso em tk	Custos dos artigos individuais em Tk
01	Tijolos	16400 unidades.	5 taka por peça.	Tk 82000
02	Cimento	67 Bolsas	Tk 250 por saco	Tk 16750
03	Areia	13.4cum	800 Taka por esperma	Tk 10720
04	Madeira para ripas de telhado, vigas, caixilhos de portas, etc.	0,57 cum	8850 taka za kum	5000 Taka
05	Portas	8,92 metros quadrados.	3230 taka por metro quadrado.	28800 Taka
06	Janelas	7,67 metros quadrados.	3230 taka por metro quadrado.	Tk 24750.
07	Painéis C.I. para o telhado	12ban	4 000 taka para a proibição	48000 Taka
08	Aço	27 kg	50 taka por kg	Tk 1350.
09	Varões, pregos, parafusos, etc.	7 kg	45 taka por kg	Tk 315.
10	Mão de obra qualificada	7 quartos por 15 dias	Tk 230 por pessoa e por dia	Tk 24150.
11	Mão de obra não qualificada	10 quartos por 15 dias	Tk 180 por pessoa e por dia	27000 Taka
12	Transporte			5000 Taka
13	No total			Tk 273835.

[2]O custo unitário de uma casa de alvenaria de tijolo existente com uma área de 57,312 metros é de Tk 273835 ou US$ 3500. O custo unitário da construção de uma casa de alvenaria de tijolo existente por metro quadrado é de Tk. 4778 ou US$ 60.

6.6 Desvantagens das casas de alvenaria existentes

Há quatro áreas gerais em que a construção de uma casa pode ser deficiente: (1) **seleção do local**, (2) **qualidade da construção**, (3) **qualidade dos materiais** e (4) **conceção estrutural**. Os parâmetros da conceção estrutural podem ser divididos em quatro categorias gerais com as correspondentes subcategorias:

i. **Configuração estrutural**: simetria da estrutura, distância entre as ligações das paredes em ângulo reto, sistema de cobertura, altura do edifício.

ii. **Sistema de paredes**: reforço interno, reforço externo, reforço de cantos e aberturas, incluindo lintéis.

iii. **Sistema de cobertura**: estrutura da cobertura, peso da cobertura, efeito da membrana, ligações

iv. **Sistema de fundação**: fundação de betão ou de areia, separação do solo, isolamento do plinto.

Tendo em conta os parâmetros acima referidos, as desvantagens das casas de alvenaria existentes são enumeradas a seguir:

1. <u>**Desvantagens da construção do telhado:**</u>

a) <u>Exploração agrícola inadequada:</u> Uma exploração agrícola típica no Bangladesh rural, particularmente na área de estudo, é mostrada na *Figura 6.8. 6.8.*

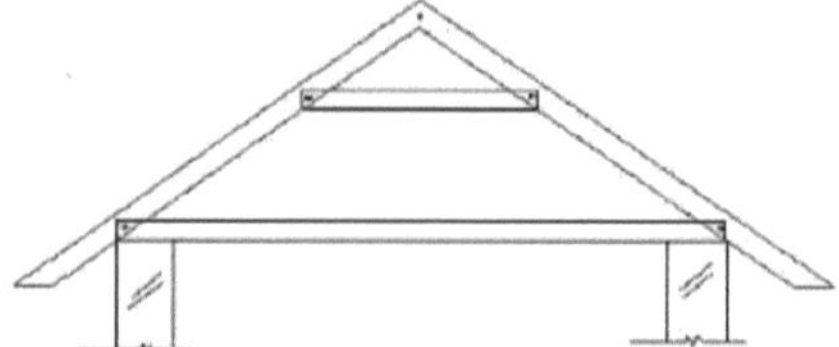

Figura 6.8: Disposição básica da armação do telhado nas zonas rurais.

O triângulo é a figura geométrica de base numa treliça. A estrutura da treliça também pode conter outras figuras geométricas, mas sem a utilização de triângulos, a estabilidade não é garantida. Uma treliça deve ser constituída principalmente por uma série de triângulos, porque um triângulo é a única figura geométrica cuja forma não pode ser alterada sem alterar o comprimento de um ou mais lados (Shedd, 1998). No entanto, é evidente na figura acima que existe um triângulo e um trapézio, *como* mostra *a Fig. 6.8*. Por conseguinte, não permanece estável e pode colapsar sob fortes abalos sísmicos, como mostra a *Fig. 6.8. 6*.

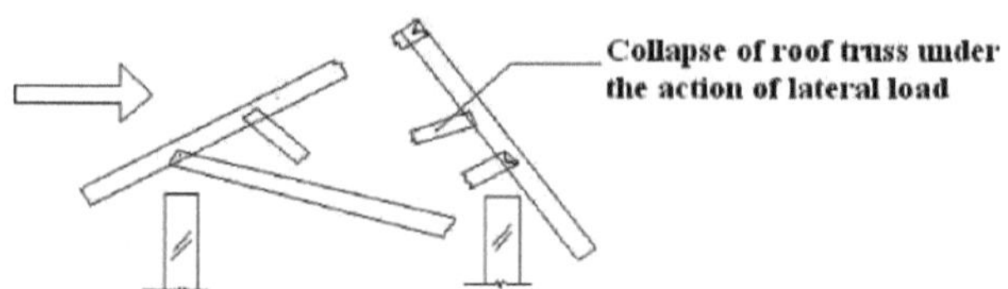

Fig-6.9: The collapse pattern of truss due to lateral load.

b)   <u>Não existe uma ligação rígida entre asnas de cobertura e paredes:</u> Ligações entre

coberturas

A treliça e a barra lateral não são suficientemente rígidas para suportar cargas laterais. Normalmente, são utilizados pregos para os ligar. As asnas podem deslizar para fora da viga longitudinal durante um terramoto devido às enormes forças laterais, *como mostra a seguinte ilustração*

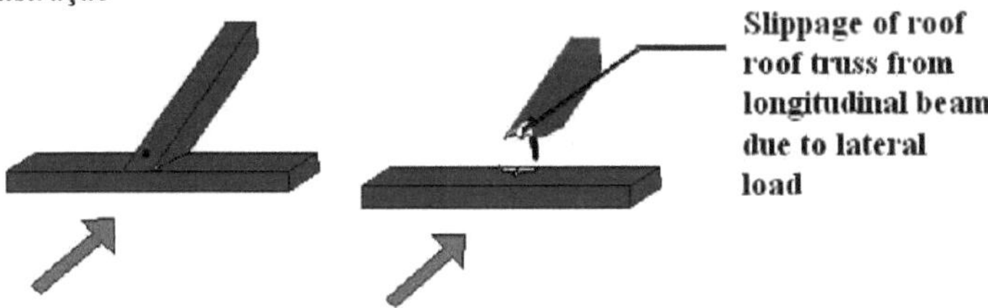

Fig-6.10: Failure of truss due to poor connection with longitudinal beam.

c) <u>Não há ligações diagonais entre as madres:</u> Por cima das vigas longitudinais encontram-se asnas ligadas por barras horizontais, as chamadas madres. Se uma força lateral atuar sobre a estrutura, estas cedem individualmente e podem ruir. Uma vez que as madres horizontais, por si só, não são capazes de resistir à deformação causada pelas forças sísmicas laterais, *como mostra a Fig. 6.11*.

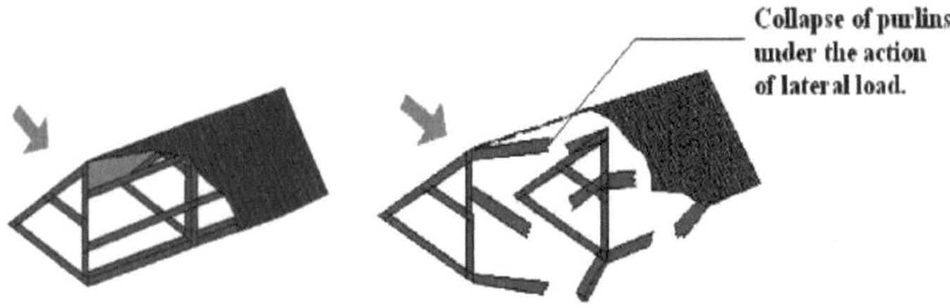

Fig-6.11: Lack of diagonal bracing among purlins

d) <u>Ligação incorrecta de vigas longitudinais e transversais:</u> Vigas transversais
As vigas de madeira são colocadas nas ranhuras da viga longitudinal. Estas
para reduzir a área da secção transversal da viga longitudinal nesta secção e assim aumentando a intensidade da carga nesta zona. O aumento da intensidade da carga provoca
Fenda nesta secção, e a viga transversal pode ser separada da viga longitudinal *como mostra a Fig. 6.12. 6.12.*

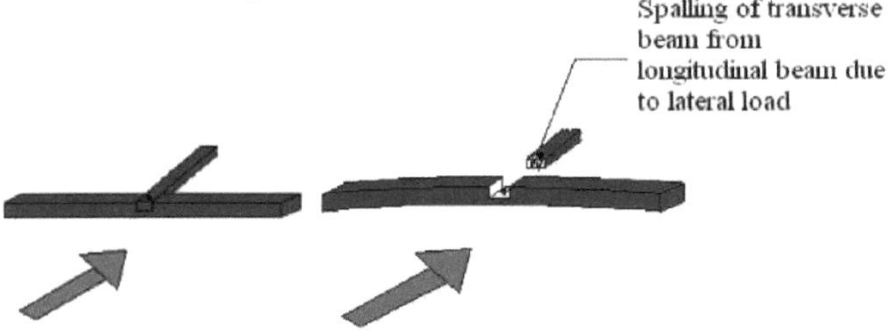

Figura 6.*12:* Má ligação entre as vigas longitudinais e transversais.

2. **Defeitos na construção da parede:**

a) <u>Os lintéis são colocados apenas através das aberturas:</u> Nalgumas casas, os lintéis só são colocados <u>por cima das aberturas:</u> Nalgumas casas, os lintéis só existem por <u>cima das aberturas.</u>

sobre as aberturas de portas e janelas, com um encastramento de 150 mm de cada lado da abertura, *como mostra a Fig. 6.13. 6.13.* Quando as cargas laterais actuam sobre as paredes, provocam compressão no exterior e tensão no interior da parede. No lado oposto da casa, a carga cria compressão no interior e tensão no exterior. Em ambos os casos, as paredes não conseguem resistir às tensões porque são feitas de tijolos, que são naturalmente frágeis, ou seja, resistem apenas fracamente às tensões, *como mostra a Fig. 6.14. 6.14.*

Fig. 6.13: O lintel só está previsto por cima da abertura.

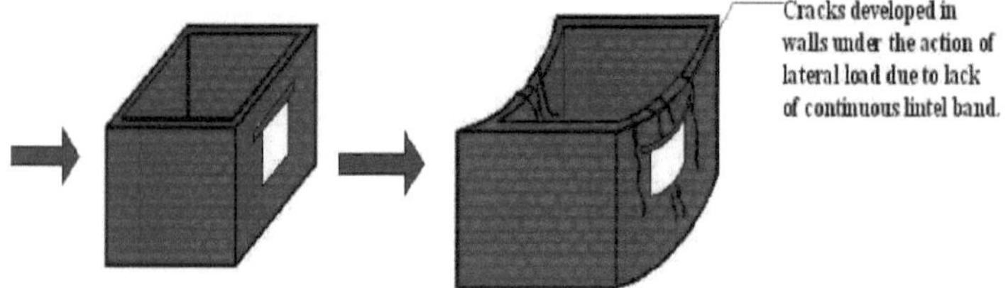

Fig-6.14: Lack of horizontal bands.

b) <u>Falta de reforço nos cantos:</u> Uma vez que as paredes são fixadas na direção vertical, a carga lateral que actua na parede gera um certo momento na posição do canto. No entanto, não existe material de reforço nos pontos de canto para resistir a este momento e podem formar-se fissuras neste ponto, *como se mostra na Fig. 6.15* e *na Fig. 6.16.*

Figura 6.15: Posição de esquina da casa existente

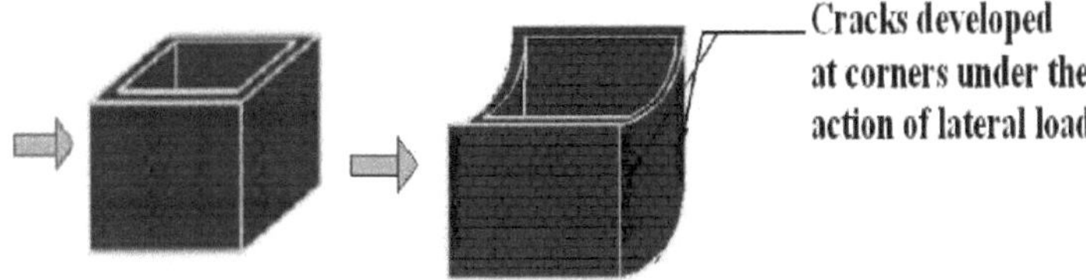

Fig-6.16: Lack of corner reinforcement

c) <u>Aberturas demasiado grandes e numerosas:</u> Aberturas múltiplas e grandes reduzem a área efectiva da parede sobre a qual as cargas actuam e, assim, aumentam a intensidade da carga por unidade de área da parede, *como se mostra na Fig. 6.17. 6.17.* O efeito é diferente para paredes que correm paralelamente à direção da carga. Neste caso, o momento de inércia nesta zona é reduzido através da redução da área da parede abaixo da faixa do lintel. No caso de tremores de terra, a força de corte tenta separar da alvenaria os pequenos apoios acima do lintel e abaixo do nível do parapeito. Neste caso, as fissuras diagonais tendem a formar-se nos apoios, *como mostra a Fig. 6.18.*

Fig. 6.17: Demasiados buracos na parede

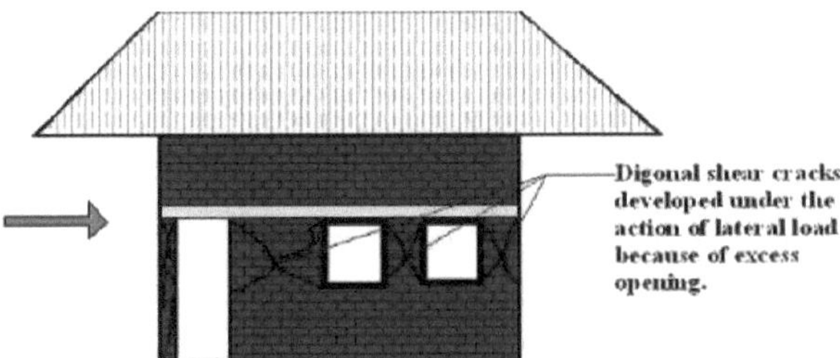

Fig. 6.18: Demasiados buracos na parede.

d) Aberturas <u>mais próximas</u> do <u>canto:</u> As aberturas demasiado próximas dos cantos das paredes impedem que as forças passem de uma parede para a outra, *como mostra a Fig. 6.19. 6.19.* Além disso, grandes aberturas enfraquecem as paredes, pois impedem-nas de absorver as forças de inércia no seu próprio plano, *como na Fig. 6.20.*

Figura 6.19: Uma casa de tijolo com a abertura mais próxima do canto da casa

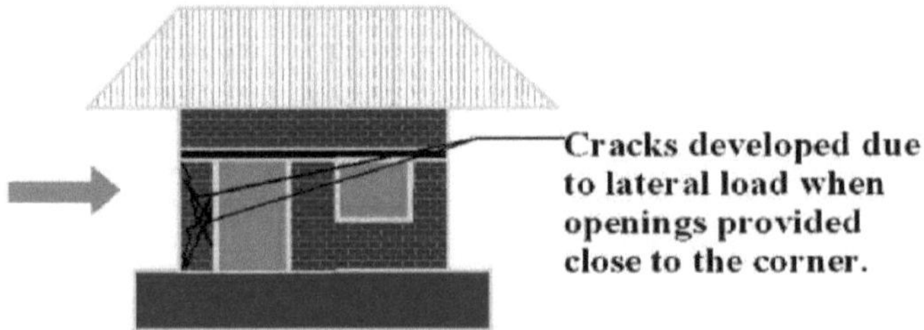

Fig-6.20: Presence of openings close to the wall

3. Défice da Fundação:

A fundação é feita inteiramente de tijolos. Se houver um assentamento irregular, cria-se um determinado momento que é causado por este assentamento. Isto leva a danos graves, uma vez que a fundação é feita de tijolos, que são naturalmente frágeis e não conseguem suportar a carga causada por este momento, *como mostra a Fig. 6.21. 6.21.*

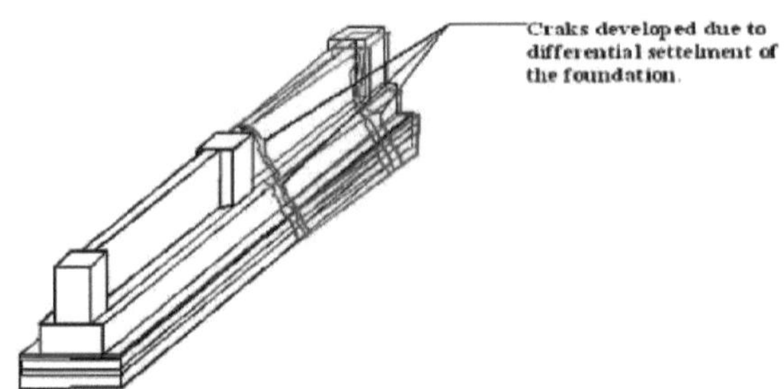

Fig-6.21: Differential settlement of the foundation

4. <u>Escassez de materiais a utilizar:</u>

A maior desvantagem reside na composição da argamassa. A argamassa utilizada na construção é simplesmente uma argamassa de cimento muito fina. Regra geral, é utilizada uma argamassa de cimento e areia numa proporção de 1:6. A resistência adesiva da argamassa é proporcional à sua composição. A capacidade de carga sísmica da alvenaria também depende da resistência da argamassa. Uma argamassa rica tem uma resistência elevada. Por conseguinte, as paredes construídas sobre uma argamassa magra reduzem a resistência das paredes às cargas laterais.

6.8 Métodos de reforço de casas de alvenaria existentes

As seguintes medidas podem ser adoptadas para remediar as deficiências acima referidas.

1. Os elementos verticais e inclinados devem ser inseridos na estrutura para formar um triângulo que
é o pré-requisito básico para a estabilidade da treliça, *como se mostra na Fig. 6.22. 6.22.*

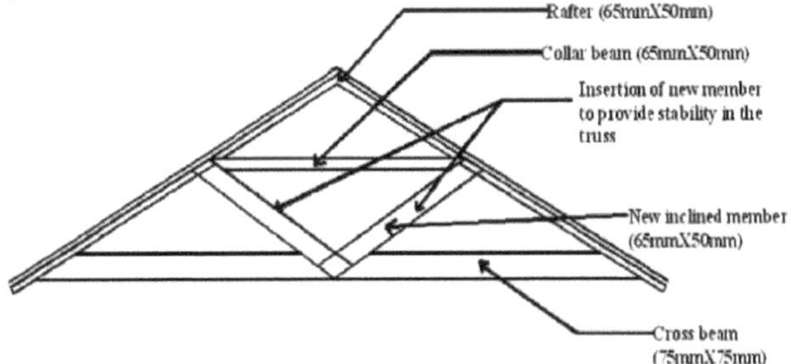

Fig-6.22: Stable condition provided in the truss

O elemento de treliça e a barra lateral podem ser ligados com grampos em forma de L em ambos os lados do elemento de treliça. Estes grampos em forma de L fornecem resistência suficiente contra o deslizamento da barra transversal para fora da viga longitudinal, *como mostra a Fig. 6.23. 6.23.*

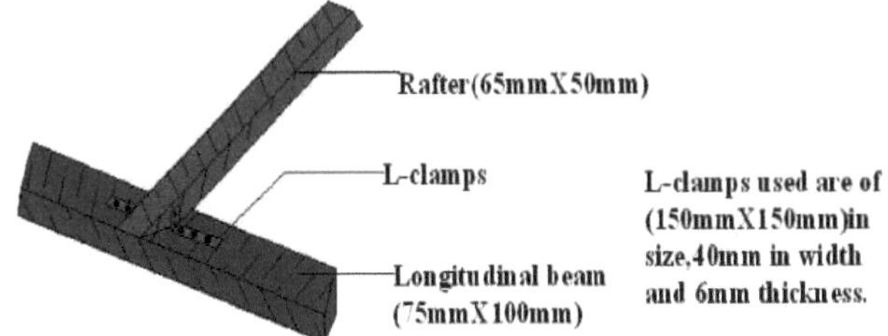

Fig. 6.23: Utilização de grampos em L na ligação entre a treliça de cobertura e a viga longitudinal

3. São utilizadas tiras metálicas rectangulares na junção das tiras transversais e longitudinais. Viga. Esta tira metálica transfere a carga para a secção de viga vizinha e reduz a a intensidade da carga nesta secção, *como mostra a Fig. 6.24. 6.24.*

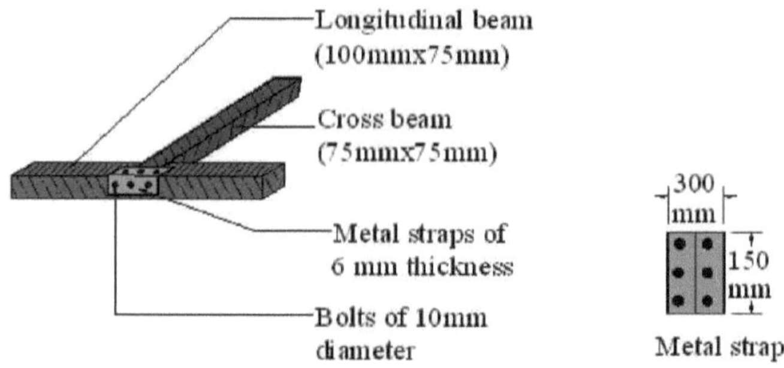

Fig-6.24: Use of metal straps at the joint of longitudinal and transverse beam

4. Devem ser instaladas travessas entre as asnas, juntamente com as madres, para resistir à deflexão relativa das asnas durante os abalos sísmicos, *como mostra a Fig. 6.25.*

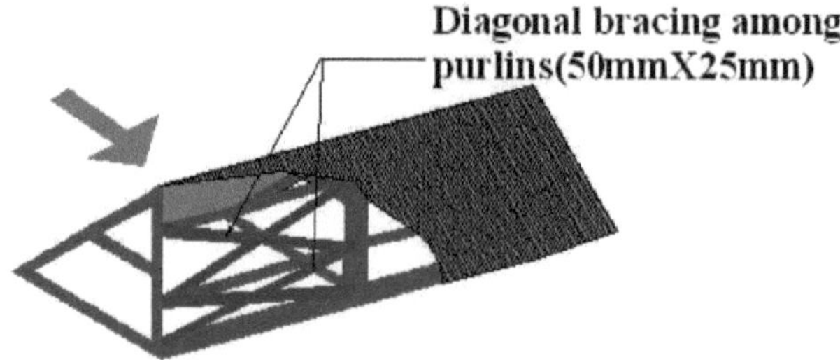

Fig-6.25: Insertion of diagonal bracing among the Purlin.

5. Os varões verticais de ferrocimento podem ser utilizados na maioria das paredes, de baixo para cima, especialmente em ambos os lados das janelas. Os elementos de ferrocimento e os varões verticais são fixados às paredes com parafusos colocados nos orifícios. Os furos são preenchidos com argamassa utilizando uma pistola de argamassa improvisada. Devem ser adicionados aditivos de cimento ao reboco de ferrocimento para melhorar a trabalhabilidade e reduzir as fissuras de retração, *como mostra a Fig. 6.26. 6.26.*

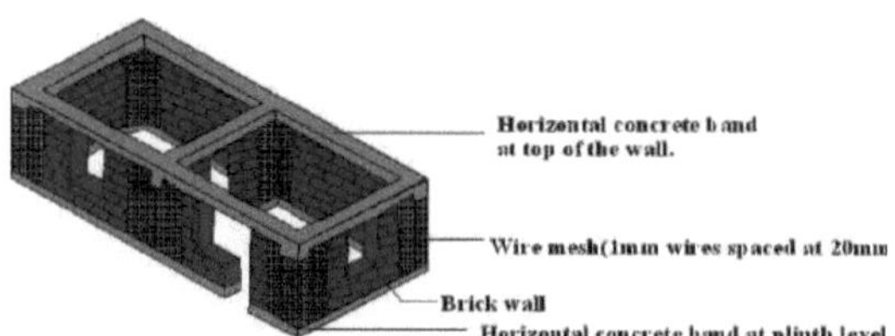

Fig. 6.26: Fixação de faixas de betão armado no canto e junto à abertura

6. Para reduzir o excesso de aberturas, estas devem ser preenchidas com alvenaria, *como mostra a Fig. 6.27. Isto aumenta a área da superfície da parede, o que reduz a intensidade da carga que actua na parede. 6.27.* Isto aumenta a área da superfície da parede, o que reduz a intensidade da carga que actua sobre a parede. Aumenta igualmente a força de inércia sob o lintel e melhora o comportamento durante os sismos. Recomenda-se que "o comprimento total das aberturas não ultrapasse 50 % do comprimento da parede

entre os dois lintéis".

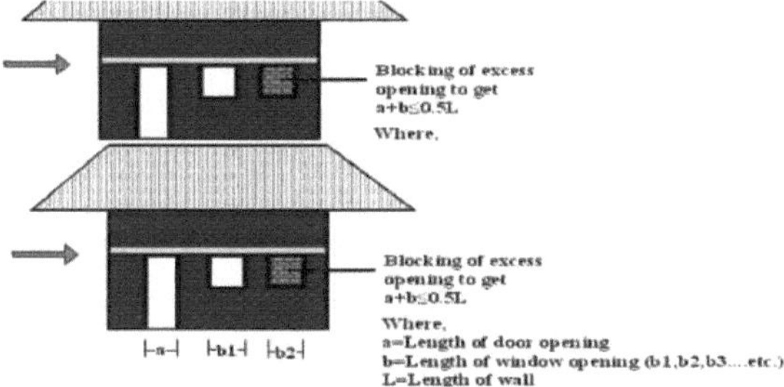

Fig-6.27: Blocking of excess openings.

7. Para minimizar os danos causados pelo assentamento diferencial da fundação, são fixadas faixas de betão armado à fundação existente do edifício, *como mostra a Fig. 6.28*. Também ligam entre si as diferentes fundações da parede e podem ser fixadas em ambos os lados da parede. *6.28*. Também ligam entre si as diferentes fundações da parede e podem ser fixadas em ambos os lados da parede. Para evitar a escavação do terreno no interior do edifício, a largura adicional só pode ser prevista no exterior das paredes exteriores. Estas tiras de reforço são inseridas na fundação existente para obter estabilidade suficiente, *como*

Fig-6.28-Improving a foundation by inserting new reinforced concrete strips.

Várias molduras verticais partem da fundação e ligam-se às molduras utilizadas nas colunas verticais nos cantos e nos lados dos vãos. Duas outras faixas horizontais situam-se à altura do lintel e à altura do telhado. Estas duas faixas estão também ligadas às colunas verticais. Desta forma, todo o edifício se comporta como uma caixa rígida em caso de terramoto e reduz o risco de colapso. As fundações em faixas RC são geralmente construídas para reforçar a fundação sob as paredes. O diâmetro mínimo da armadura longitudinal é de fibra. A armadura transversal mínima é constituída por elementos f12 com um espaçamento de 0,2 metros. Todos os varões de reforço devem ter um recobrimento de betão de pelo menos 50 mm.

6.9 . Estimativa do valor da alvenaria melhorada

Tendo em conta os preços actuais dos materiais, os custos de uma casa com alvenaria melhorada são apresentados no *Quadro 6.2.*

Tabela-6.2: Custos de uma casa de alvenaria melhorada

Sl.no.	Descrição da	Quantidade	Pauta aduaneira	Custos para BDTK
01	Tijolos	20000 peças.	5 taka por peça.	100 000 taka
02	Cimento	100 sacos	Tk 250 por saco	Tk 25000
03	Areia	14.75cum	800 Taka por esperma	Tk 11700.

04	Troncos de árvores	.073 Kum	8850 taka za kum	6500 Taka
05	Portas	8,92 metros quadrados.	3230 taka por metro quadrado.	28800 Taka
06	Janelas	7,67 metros quadrados.	3230 taka por metro quadrado.	Tk 24750.
07	Painéis C.I. para o telhado	12ban	4 000 taka para a proibição	48000 Taka
08	Aço	400 kg	50 taka por kg	20000 Taka
09	Pregos, parafusos, cavilhas	15 kg	45 taka por kg	Tk 675.
10	Mão de obra qualificada	4 peças para 15 dias	230 Taka por pessoa	13800 Taka
11	Mão de obra não qualificada	5 peças por 15 dias	Tk 180 por pessoa	13500 Taka
12	Transporte			5000 Taka
13	No total			Tk 297725.

[2]O custo de uma casa melhorada de alvenaria de tijolo com uma área de 52,312 metros é de Tk 297725 ou US\$ 3800. O custo por metro quadrado da casa melhorada é de Tk 5.691 ou US\$ 75.

6.10 Conceção do edifício de alvenaria antissísmico previsto

Para resistir às cargas laterais que actuam sobre este tipo de edifícios, estes devem ser reforçados. Esta secção apresenta uma metodologia detalhada para o projeto de edifícios de alvenaria armada.

6.10.1. Projeto de um novo edifício em alvenaria reforçada com aço

No método de projeto típico dos edifícios de alvenaria, não existe material de reforço para tornar o edifício suficientemente forte contra os sismos. O aço é um material de reforço bem conhecido, utilizado em várias estruturas RC. Se for possível utilizar aço em alvenaria, o sistema resistirá satisfatoriamente à carga lateral.

6.10.1.1 Cálculo do projeto de uma casa de alvenaria reforçada com aço:

Espessura do material:

<u>Aço:</u>

Módulo de elasticidade médio na rutura, fy=275 N/mm2

Tensão de tração admissível, Fs=0,4fy=0,4*275=110 N/mm2

Tensão de compressão admissível, Fc=0,4fy=0,4*275=110N/mm2

Módulo de elasticidade, Eb=2 00x10 N/mm2^3

<u>Trabalhos de pedreiro:</u>

(De acordo com o BNBC) Módulo de elasticidade da alvenaria, Em=750fm< 15000N/mm2

(Para argamassa na proporção de 1:4)Resistência à compressão estimada, fm=7,5N/mm2

For, fm=7.5N/mm2,Em=750*7.5=5625N/mm2

Resistência adesiva, Uult=3,64 N/mm2

Resistência admissível da junta, U=Uult/3=1,213N/mm2

<u>Cálculo de carga:</u>

<u>Carga de vento:</u>

Para Chittagong, a velocidade de base do vento é Vb= 260 km/h (do Quadro-6.2.8, BNBC, 1993)

[2]Pressão sustentada do vento, qz=Cc*Cc*CI*Cz *Vb (de acordo com BNBC, secção 2.4.6.2)

Aplica-se o seguinte: qz = pressão sustentada do vento à altura z, KN/m^2

CI=coeficiente de importância da estrutura=1,00 (de acordo com a BNBC, Quadro - 6.2.9)

Cc=fator de conversão de velocidade em pressão=47,2E-6

Cz=coeficiente combinado de altura e exposição=0,801 (de acordo com BNBC, Tabela - 6.2.10)

Vb=velocidade do vento principal em km/h da secção 2.4.5

Pressão sustentada do vento, qz=0,801*47,2E-6*1,00*2602=2,56KN/m2

Pressão do vento de projeto, Pz=CG*Cp*qz (de acordo com BNBC, secção 2.4.6.3)

Em que Pz = pressão de projeto do vento à altura z, KN/m2

CG=coeficiente de gustação=1,321 (BNBC, Secção 2.4.6.6, Quadro-6.2.11)

Cp= Coeficiente de pressão para estruturas (BNBC, secção 2.4.6.7)

Para paredes e telhados virados para o vento,

Para a parede, Cpe=0,8 (BNBC, Figura -6.2.5),

Pressão do vento calculada, Pz=1,321*0,8*2,56=2,705 KN/m

Cpe=0,3 (normal à cumeeira) aplica-se à cobertura (BNBC, Figura -6.2.5),

Pressão do vento calculada, Pz=1,321*0,3*2,56=1,015 KN/m

Para a parede de sotavento e o teto,

Cpe= -0,5 aplica-se à parede (BNBC, Figura -6.2.5),

Pressão do vento calculada, Pz=1,321*(-0,5)*2,56= -1,69 KN/m

Cpe= -0,7 aplica-se à cobertura (BNBC, Figura -6.2.5),

Pressão do vento calculada, Pz=1,321*(-0,7)*2,56= -2,37KN/m2

<u>Exposição a sismos:</u>

Deslocamento da base, V= (ZIC/R)*W (de acordo com BNBC, secção 2.5.6.1)

Onde, Z= Coeficiente de zona sísmica=0,15 (para Zona-2) (de acordo com BNBC, Tabela-6.2.22)

I= coeficiente de significância estrutural=1,00 (de acordo com a BNBC, Tabela 6.2.23)

R= Fator de Modificação da Resposta =6,00 (de acordo com BNBC,

Tabela6.2.23)

W= carga sísmica total de acordo com o BNBC, secção 2.5.5.2

C= Coeficientes numéricos (1,25S)/T %

S= Fator de local para propriedades do solo (de acordo com BNBC, Tabela-6.2.25)

T= Período de oscilação fundamental (de acordo com a BNBC, secção 2.5.6.2) = Ct (hn) %

Ct= 0,049 (BNBC, secção 2.5.6.2)

hn = altura em metros acima da superfície de base até ao nível n = 2,44 m.

Isto significa que T=0,096 segundos e C=5,962

(De acordo com a BNBC, a mudança de base deve ser multiplicada por 1,5),

Deslocação da base, V=1,5(ZIC/R)*W

<u>Carga morta:</u>

Carga superficial C.I.Sheet=0,12 KN/mm^2

Carga através do sistema de treliças do telhado = 8 KN/m^3

Carga morta na alvenaria =19,0 KNW

Área útil =35,3 m².

Comprimento total do muro = 47,75 m

Carga morta total da parede=18,9*47,75*0,3*2,44=660,61 KN

Carga morta total da cobertura =9,096 KN

Peso morto total = 669,706 KN

<u>Carga viva:</u>

Carga viva na cobertura =0,8 KN/m^2

Carga viva assumida na parede = 63,4KN

Projeto de fundação:

Vamos supor que o solo é do tipo franco-arenoso,

Capacidade de carga do pavimento, qnu =150KN/m2

Ângulo de atrito interno, f = ZO^0

Assume-se que o fator de segurança F.S.=3,0

Capacidade de carga admissível do pavimento, q=150/3=50KN/m2

<u>Largura da fundação</u>

Gesamte Wandbelastung=9,6*2,44*18,9*0,3+63,4=132,81+63,4=196,21KN

Wandverteilung=196.21/9.6=20.44 KN/m

Largura da fundação, Bf (min) = 20,44/50=0,41m=410mm

<u>Profundidade da fundação:</u>

Profundidade mínima da fundação, Df (min) = $(qnu / y)*\{(1-zinf)/ (1+zinf)\}.^2$

$$= (150/19)*\{(1-\sin30°)/1+\sin30°)\}\ 2$$

$$=0,870m=870mm$$

Design de parede deslizante:

Peso próprio total, W=669,706 KN

De acordo com o BNBC, o cisalhamento de base, V=1,5(ZIC/R)*W=99,82 KN

Resistência à compressão definida para a alvenaria, fm = 7,5 N/mm2

<u>Exemplo 1: Reforço que resiste a todas as forças de corte</u>

De acordo com o BNBC, a tensão de corte admissível é Fv=0,125^fm=0,125*'^7,5=0,342 N/mm2

Para alvenarias não ensaiadas, a tensão de corte máxima admissível é de 50 % de Fv.

$Fv=0,17N/mm^2$

[2]Se for utilizada uma barra de aço de 16 mm f, Av= l/4*16 =201,06tn^2

Distância entre os reforços:

S=(Av*Fs)/(Fv*b) =(201,06*110)/(0,17*300) =433,66 mm

Aplica-se o seguinte: Smax=d/2=300/2 =150mm; Smax=600mm;

S=150 mm

Comprimento efetivo necessário da parede, d= V/(Fv*b) =(99,82*1000)/(0,17*300) = 1957,25 mm

Utilize duas paredes em cada direção (uma para cada parede exterior).

L=d/2+100 (100 mm de cobertura de armadura num dos lados) =1957,25/2+100=1078,62 m

Utilizar L=1080 mm

<u>Caso 2: Se a alvenaria puder suportar todos os deslocamentos</u>

No caso de uma parede de cisalhamento com alvenaria capaz de resistir a todas as forças de cisalhamento,

$Fv= 0,083^fm=0,083*^7,5 = 0,227N/mm^2$

Para alvenarias não ensaiadas, a tensão de corte máxima admissível é de 50 % de Fv.

$Fv=0.5*0.227=0.114N/mm^2$

Área da armadura, Av= l/4*162 (do exemplo 1) =201,06 mm2

Espaçamento dos varões de reforço: S=(Av*Fs)/(Fv*b) =(201,06*110)/(0,114*300) =648,42 mm

Aplica-se o seguinte: Smax=d/2=300/2 =150mm; Smax=600mm; S=150mm

Comprimento efetivo necessário da parede, d= V/(Fv*b) =(99,82*1000)/(0,114*300) = 2918,71 mm

Utilize duas paredes em cada direção (uma para cada parede exterior).

L=d/2+100 (100 mm da camada de reforço de um lado) =2918,2/2+100=1559,36 mm

Utilizar L=1560 mm

A tensão adesiva que se desenvolve na superfície do espeto de bambu imerso na solução pode ser determinada utilizando a fórmula,

Tensão de ligação, U= força de tração / área total da superfície do furador instalado

$$=Fs*Av/\text{perímetro}*\text{comprimento da ligação}$$

O comprimento de ligação l = Fs*Av/perímetro*U=110*201.06/50.26*1.213

$$=363,75mm{\sim}364mm$$

Isto significa que o aço deve ser embutido na argamassa pelo menos 364 mm na extremidade livre.

6.10.2. Cálculo do projeto de uma casa de alvenaria reforçada com bambu

O método seguinte também pode ser utilizado eficazmente para a construção de novas casas de alvenaria resistentes a sismos.

<u>Casa de alvenaria reforçada com bambu:</u> O bambu é um dos materiais de construção mais populares nas zonas rurais e urbanas do Bangladesh. As condições ambientais do Bangladesh favorecem o crescimento do bambu. O bambu é utilizado para a construção de casas nas zonas rurais e também como cofragem e andaimes nas zonas urbanas do nosso país. Possui uma resistência à tração muito boa. Várias experiências mostraram que o módulo de elasticidade do bambu é cerca de um terço do do aço de alta resistência e que a força de ligação do bambu à argamassa é suficientemente elevada para o utilizar como material de reforço na alvenaria, especialmente nas zonas rurais do Bangladesh. As casas de alvenaria aí construídas têm geralmente um ou dois pisos.

6.10.2.1 Cálculo do projeto de uma casa de alvenaria reforçada com bambu:

Espessura do material:

<u>Bambu:</u>

Módulo de elasticidade médio na rutura, $fy=124$ N/mm^2

Tensão de tração admissível, $Fs=0,4fy=0,4*124=49,6$ N/mm^2

Tensão de compressão admissível, $Fc=0,4fy=0,4*124=49,6$N/mm^2

Módulo de elasticidade, $Eb=15168,5$ N/mm^2

Trabalhos de pedreiro:

(De acordo com o BNBC), módulo de elasticidade da alvenaria, $Em=750fm < 15000$N/mm^2

(Para argamassa na proporção de 1:4)Resistência à compressão estimada, $fm=7,5$N/mm^2

[2]Para fm=7,5N/mm , Em=750*7,5=5625

Resistência adesiva, Uult=0,97 N/mm^2

Resistência admissível da junta,U=Uult/3=0,32N/mm2

<u>Cálculo de carga:</u>

<u>Carga de vento:</u>

Para Chittagong, a velocidade de base do vento é Vb= 260 km/h (do Quadro-6.2.8, BNBC, 1993)

Pressão sustentada do vento, qz=Cc*CI*Cz *Vb2 (de acordo com BNBC, secção 2.4.6.2)

Aplica-se o seguinte: qz = pressão sustentada do vento à altura z, KN/m^2

CI=coeficiente de importância da estrutura=1,00 (de acordo com a BNBC, Quadro -6.2.9)

Cc=fator de conversão de velocidade em pressão=47,2E-6

Cz=coeficiente combinado de altura e exposição=0,801 (de acordo com BNBC, Tabela - 6.2.10)

Vb=velocidade do vento principal em km/h da secção 2.4.5

Pressão sustentada do vento, qz=0,801*47,2E-6*1,00*2602=2,56KN/m2

Pressão de projeto do vento, Pz=CG*Cp*qz (de acordo com BNBC, secção 2.4.6.3)

Em que Pz = pressão de projeto do vento à altura z, KN/m2

CG=coeficiente de gustação=1,321 (BNBC, Secção-2.4.6.6, Quadro-6.2.11)

Cp= Coeficiente de pressão para estruturas (BNBC, secção 2.4.6.7)

Para paredes e telhados virados para o vento,

Para a parede, Cpe=0,8 (BNBC, Figura -6.2.5),

Pressão do vento calculada, Pz=1,321*0,8*2,56=2,705 KN/m^2

Cpe=0,3 (normal à cumeeira) aplica-se à cobertura (BNBC, Figura -6.2.5),

Pressão do vento calculada, Pz=1,321*0,3*2,56=1,015 KN/m^2

Para a parede de sotavento e o teto,

Cpe= -0,5 aplica-se à parede (BNBC, Figura -6.2.5),

Pressão do vento estimada, Pz=1,321*(-0,5)*2,56= -1,69 kW

Cpe= -0,7 aplica-se à cobertura (BNBC, Figura -6.2.5),

Pressão do vento calculada, Pz=1,321*(-0,7)*2,56= -2,37KN/m2

<u>Exposição a sismos:</u>

Deslocamento da base, V= (ZIC/R)*W (de acordo com BNBC, secção 2.5.6.1)

Onde, Z= Coeficiente de zona sísmica=0,15 (para Zona-2) (de acordo com BNBC, Tabela-6.2.22)

I= coeficiente de significância estrutural=1,00 (de acordo com a BNBC, Tabela 6.2.23)

R= Fator de Modificação da Resposta =6,00 (de acordo com BNBC, Tabela6.2.23)

W= carga sísmica total de acordo com o BNBC, secção 2.5.5.2

C= Coeficientes numéricos (1,25S)/T %

S= Fator de local para as propriedades do solo (de acordo com BNBC, Tabela-6.2.25)

T= período de oscilação fundamental (de acordo com a BNBC, secção 2.5.6.2) = Ct (hn) %

Ct= 0,049 (BNBC, secção 2.5.6.2)

hn = altura em metros acima da superfície de base até ao nível n = 2,44 m.

Isto significa que T=0,096 segundos e C=5,962

(De acordo com a BNBC, a mudança de base deve ser multiplicada por 1,5),

Deslocação da base, V=1,5(ZIC/R)*W

<u>Carga morta:</u>

C.I. Carga da chapa metálica=0,12 KN/mm2

Carga através do sistema de treliças do telhado = 8 KN/m^3

Carga morta na alvenaria =19,0 KN/m^3

Área útil =35,3 m^2.

Comprimento total do muro = 47,75 m

Carga morta total da parede=18,9*47,75*0,3*2,44=660,61 KN

Carga morta total da cobertura =9,096 KN

Peso morto total = 669,706 KN

<u>Carga viva:</u>

Carga viva na cobertura =0,8 KN/m^2

Carga viva assumida na parede = 63,4KN

Projeto de fundação:

Vamos supor que o solo é do tipo franco-arenoso,

Capacidade de suporte de carga do pavimento, qnu =150KN/m2

Ângulo de atrito interno, f = 30°

Assume-se que o fator de segurança F.S.=3,0

Capacidade de carga admissível do pavimento, q=150/3=50KN/m2

<u>Largura da fundação</u>

Gesamte Wandbelastung=9,6*2,44*18,9*0,3+63,4=132,81+63,4=196,21KN

Wandverteilung=196.21/9.6=20.44 KN/m

Largura da fundação, Bf (min) = 20,44/50=0,41m=410mm

<u>Profundidade da fundação:</u>

Profundidade mínima da fundação, Df (min) = (qnu /y)*{(1 -zinf)/ (1+zinf)}. [2]

$$= (150/19)*\{(1-\sin30°)/1+\sin30°)\}\ 2$$

$$=0,870m=870mm$$

Design de parede deslizante:

Peso próprio total, W=669,706 KN

De acordo com o BNBC, o cisalhamento de base, V=1,5(ZIC/R)*W=99,82 KN

Resistência à compressão definida para a alvenaria, fm = 7,5 N/mm^2

<u>Exemplo 1: Reforço que resiste a todas as forças de corte</u>

De acordo com o BNBC, a tensão de corte admissível é Fv=0,125^fm=0,125*'^7,5=0,342 N/mm^2

Para alvenarias não ensaiadas, a tensão de corte máxima admissível é de 50 % de Fv.

Fv=0,17N/mm2

[Assumindo 12 peças de aros de bambu feitos de varas de f~75 mm com uma espessura de parede de ~6,5 mm].

O tamanho da armadura é (19,64 mm X 6,5 mm)

Av= 1/12*{l/4*(75)2-(62)2} =116,57 mm2

Rebar spacing:S=(Av*Fs)/(Fv*b)=(116.57*49.6)/(0.17*300) =112.7

Aplica-se o seguinte: Smax=d/2 =300/2 =150mm; Smax=600mm

S=112 mm

Comprimento efetivo necessário da parede, d= V/(Fv*b)

= (99,82*1000)/(0,17*300) = 1957,25 mm

Utilize duas paredes em cada direção (uma para cada parede exterior).

L=d/2+100 (100 mm de cobertura de reforço num dos lados) =1957,25/2+100=1078,62 mm

Utilizar L=1080 mm

<u>Caso 2: Se a alvenaria puder suportar todos os deslocamentos</u>

No caso de uma parede de cisalhamento com alvenaria capaz de resistir a todas as forças de cisalhamento,

Fv= 0,083^fm=0,083*^7,5 = 0,227 N/mm2

Para alvenarias não ensaiadas, a tensão de corte máxima admissível é de 50 % de Fv.

Fv=0.5*0.227=0.114N/mm^2

[22]Área da armadura, Av= 1/12*{l/4*(75) -(62) } (do exemplo-1) =116,57 mm^2

Distância entre os reforços:

S=(Av*Fs)/(Fv*b)=(116.57*49.6)/(0.114*300)=169 mm

Where,Smax=d/2=300/2 =150mm;Smax=600mm

S=150 mm

Comprimento efetivo necessário da parede, d= V/(Fv*b)

= (99,82*1000)/(0,114*300) = 2918,71 mm

Utilize duas paredes em cada direção (uma para cada parede exterior).

L=d/2+100 (100 mm da camada de reforço de um lado) =2918,2/2+100=1559,36 mm

Utilizar L=1560 mm

A tensão adesiva que se desenvolve na superfície do espeto de bambu imerso na solução pode ser determinada utilizando a fórmula,

Tensão de ligação, U=Fs*Av/perímetro*comprimento da ligação

Por conseguinte, o comprimento da ligação 1 =49,6*116,57/50*0,32=361,34mm~362mm

Isto significa que cada cavilha de bambu deve ser embutida pelo menos 362 mm na argamassa na extremidade livre.

6.10.3. Comparação de custos entre uma casa de aço e uma casa de alvenaria reforçada com bambu

1. O custo do material de reforço necessário para construir uma casa de alvenaria com reforço de aço é de Tk 67608 ou US$ 850.

2. O custo do material de reforço necessário para construir uma casa de tijolos de bambu é de Tk 23025 ou US$ 300.

Com base nos preços actuais da armadura de aço e das lâminas de bambu, uma comparação dos custos da utilização da armadura de aço e das lâminas de bambu deu os resultados apresentados na *Fig. 6.29. 6.29.*

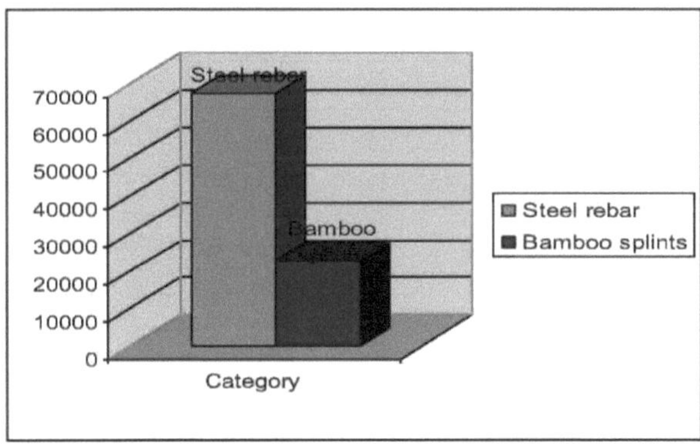

Figura 6.29: Comparação dos custos de utilização do aço e do bambu na alvenaria. O gráfico ilustra a vantagem de utilizar o bambu como reforço em alvenaria. Embora o bambu não seja uma boa alternativa para edifícios altos, é uma alternativa válida para edifícios de alvenaria de um ou dois andares, que são normalmente construídos por pessoas com baixos rendimentos no Bangladesh.

6.10.4. Diretrizes de conceção para a construção de casas de alvenaria de bambu:

Esta secção destina-se a fornecer aos construtores/proprietários de casas informações básicas sobre a utilização de aparas de bambu como reforço em alvenaria. Ela é composta de 4 partes:

<u>a.</u> **Fundação:**

A fundação de uma estrutura de alvenaria de suporte de carga deve ser uma base contínua feita de uma mistura de betão numa proporção de, pelo menos, 1:2:4 (cimento: areia: agregado). A largura necessária da base de betão pode ser calculada da seguinte forma:

- Edifício residencial de um piso - (espessura da parede + 100 mm)

- Edifício de habitação de dois pisos - (espessura da parede x 2)

A profundidade da fundação a partir do bordo superior do pavimento/solo deve ser de, pelo menos, 610 mm para garantir uma ancoragem suficiente no solo. A espessura mínima da fundação de betão é determinada da seguinte forma: Espessura mínima = comprimento de ligação necessário para o bambu + 76 mm de sobreposição

$$=362+76=438 \text{ mm}$$

[0]Se a espessura do pavimento for insuficiente, pode ser necessário um reforço adicional, que é deslocado em 90°, *como se mostra na Figura 6.30. 6.30.*

Recomenda-se a utilização de, pelo menos, 2 cunhas na direção longitudinal da base de betão como reforço. A sobreposição das cunhas deve ser de, pelo menos, 75 mm. As barras de cavilha devem sobrepor-se às cavilhas de reforço da parede em pelo menos 65 mm.

<u>b.</u> **A parede:**

Depois de a base de betão ter sido vertida e de ter decorrido o tempo necessário para o seu endurecimento, a parede pode ser erguida. Recomenda-se a utilização de argamassa numa proporção de 1:4 (cimento: areia) para a construção da parede. Para obter a força de aderência necessária, deve ser utilizado cimento do grau adequado. Os tijolos são colocados de acordo com o diagrama *da Fig. 6.31. 6.31.*

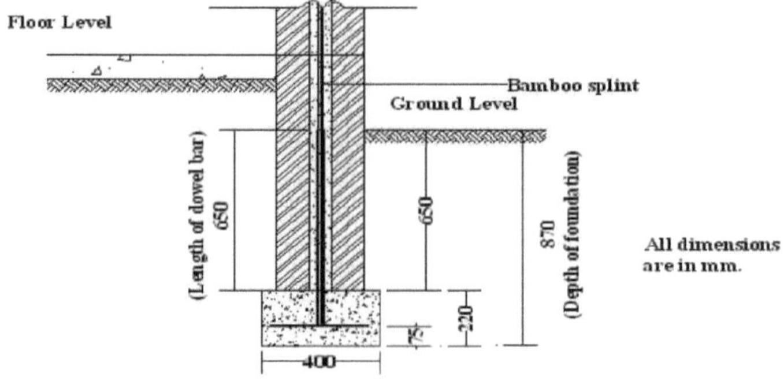

Fig 6.30: Section of foundation.

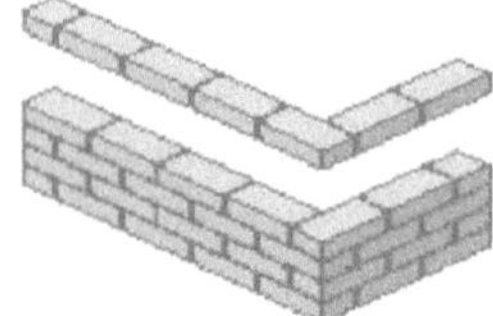

Figura 6.31: Junta de dilatação em tijolos utilizados na construção de uma parede.

Este tipo de parede é chamado de parede de cavidade. Quando se constrói uma parede de cavidades, deve-se ter o cuidado de assegurar que a largura da cavidade é de pelo menos 75 mm, para que as lâminas de bamboo possam ser corretamente embutidas na argamassa. Foi calculado que a distância máxima necessária para um desempenho ótimo das lâminas de bamboo é de 150 mm nas direcções horizontal e vertical. O desenho isométrico ao lado dá uma boa impressão da construção da parede de cavidade e do espaçamento das lâminas. Os dois lados da parede de cavidade também devem ser ligados um ao outro com âncoras de metal ou de bambu, *como na Fig. 6.32 e na Fig. 6.33.*

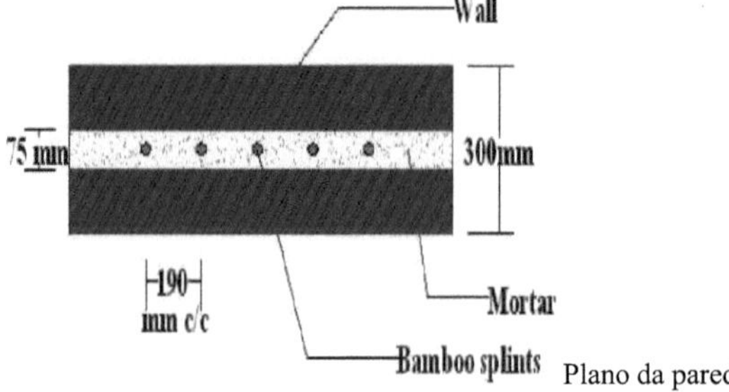

Plano da parede de Kavitv.

Fig. 6.32: Planta da parede

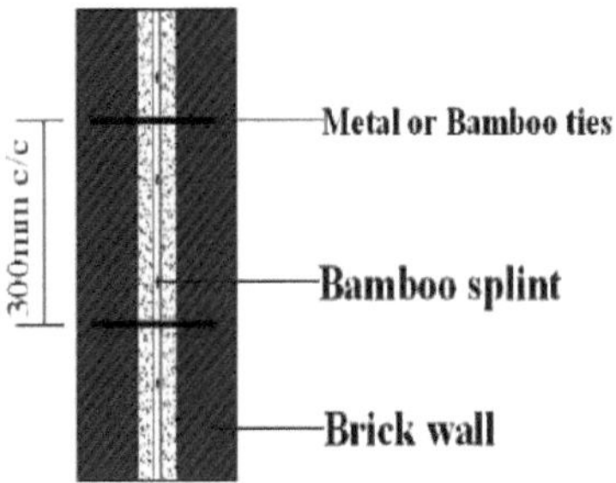

Section of the Wall

Figura 6.33: Secção através de uma parede com uma cavidade.

<u>c. Janelas e portas:</u>

Na construção de paredes, devem ser tomadas algumas precauções especiais no que respeita ao reforço dos vãos de janelas e portas. De acordo com o BNBC, deve ser prevista uma armadura de pelo menos 12 tf de comprimento na base e no topo dos vãos das paredes, estendendo-se pelo menos 40 diâmetros de barra, mas não menos de 600 mm para além do vão, *como mostra a Fig. 6.34.*

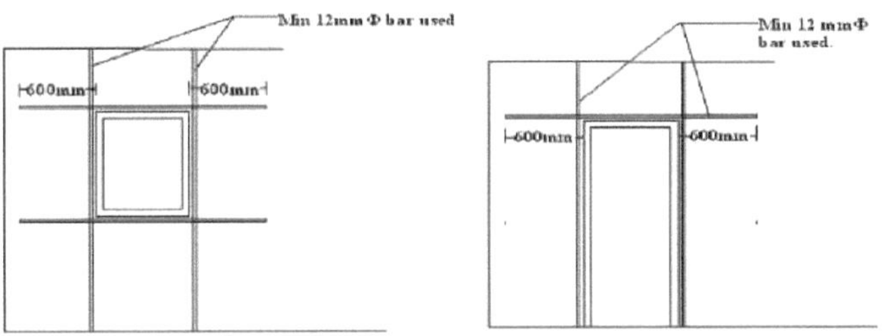

Fig. 6.34: Reforço na abertura

<u>d. vigas de colarinho e telhado:</u>

Para aumentar a resistência sísmica da alvenaria reforçada, recomenda-se a instalação de uma viga de colarinho de betão no topo da parede antes da construção do telhado. A viga de colarinho une toda a alvenaria numa estrutura e torna-a mais resistente às cargas sísmicas. Recomenda-se uma mistura de betão de 1:3:6 para a viga de colarinho. A profundidade necessária para a viga de colarinho pode ser calculada da seguinte forma

Profundidade necessária da viga de vale = comprimento mínimo da ligação dos pneus +25 mm=362+25=387 mm

A viga de colarinho pode ser construída de duas maneiras, como mostra a *Fig. 6.35. 6.35*

i) Na primeira opção, o muro de tijolo é completado por um colarinho de betão. Esta opção é fácil de conceber, mas não é muito estética como elemento de relevo.

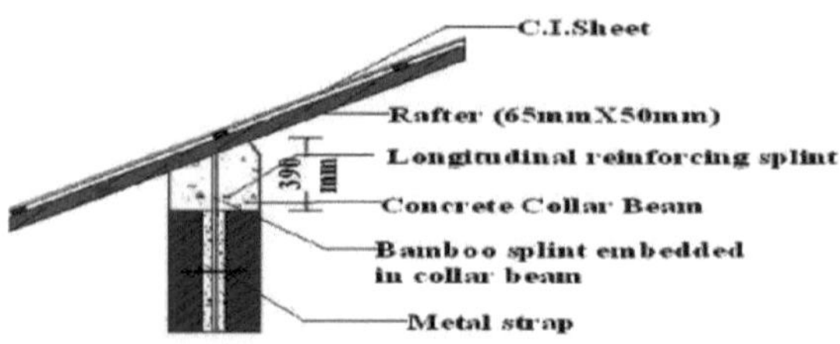

Fig. 6.35: Posicionamento da viga de colarinho acima da parede

11)Na segunda opção, o colarinho é moldado na cavidade da parede. A moldagem deste tipo de colarinho é mais trabalhosa, mas é esteticamente mais agradável. O telhado pode ser inclinado, com madres de madeira/bambu e telhas ou lajes de betão, ***como mostra a Fig. 6.36. 6.36.*** Dependendo do tipo de telhado, o espaçamento dos pinos de reforço e o comprimento da parede de cisalhamento devem ser variados. Recomenda-se também a utilização de treliças de madeira ou de bambu para suportar o telhado inclinado e proporcionar estabilidade adicional.

Feixe de anéis Cavidade de identificação

Figura 6.36: Posição da viga de colarinho na parede.

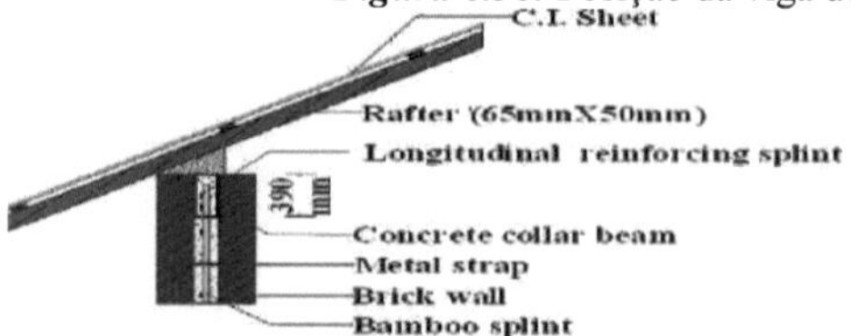

e. <u>Posicionamento da parede deslizante:</u>

f. Os cálculos das distâncias entre os "pinos de bambu", tendo em conta a resistência da alvenaria (tijolo e bloco de cimento), conduzem aos seguintes resultados:

Para uma casa com uma área total de 35,3 metros quadrados, como mostra a ***Fig. 6.37. 6.37.*** O comprimento efetivo necessário da parede de corte em cada direção (para uma cobertura inclinada), Lp = 2240 mm. A distância mínima necessária entre os painéis, s = 150 mm. Parede de corte mínima em cada direção = Lp; parede **A + B** = Lp ou parede **C + D** = Lp

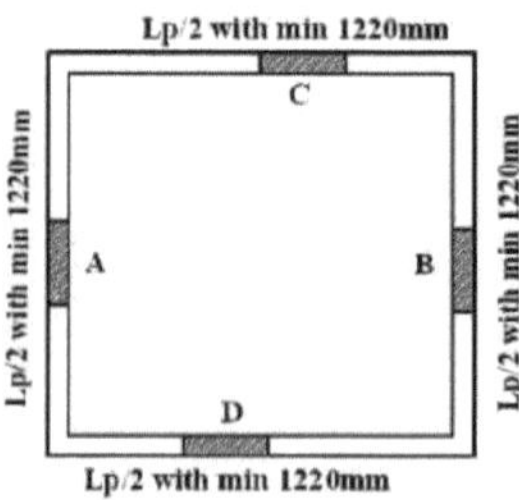

Fig 6.37: Placement of Shear wall

Utilizando os dados acima, é possível calcular o comprimento da parede de cisalhamento necessária para a casa:

Comprimento da parede de cisalhamento necessária em cada direção = {área da casa (em metros quadrados)/1000}*Lp. O comprimento da parede de corte pode ser dividido em secções mais pequenas, dependendo da altura, mas não deve ser inferior a 1220 mm. Para além disso, devem ser fornecidas cavilhas horizontais com um espaçamento entre centros de 600 mm.

6.11 Estimativa do custo da **nova casa de alvenaria resistente a sismos proposta** Tendo em conta os preços actuais dos materiais, o custo da nova casa de alvenaria resistente a sismos é apresentado no *Quadro 6.3*.

Tabela-6.3: Custos de uma nova casa de alvenaria resistente a sismos

SL NÃO	Descrição dos artigos	Quantidade	Pauta aduaneira	Custos para o BDT
01	Tijolos	12000	5 taka por peça.	60000
02	Cimento	102 Bolsas	Tk 250 por saco	25500
03	Areia	10 metros cúbicos	800 Taka por esperma	8000
04	Madeira	0,57 cum	8850 taka za kum	5045
05	Portas	8,9 metros quadrados	3230 taka por metro quadrado.	28800
06	Janelas	7,66 metros quadrados.	3230 taka por metro quadrado.	24750
07	Painéis C.I. para o telhado	12ban	Tk 4000perban	48000
08	Aço	92,5 kg	50 taka por kg	4625
09	Parex, pregos, parafusos.	7 kg	45 taka por kg	315
10	Mão de obra qualificada	7 peças por 15 dias	230 Taka por pessoa	24150
11	Mão de obra não qualificada	10 unid. para 15 d	Tk 180 por pessoa	27000
12	Transporte			5000
13	Varas de bambu	368 peças.	50 Taka por peça	18400
14	No total			279585

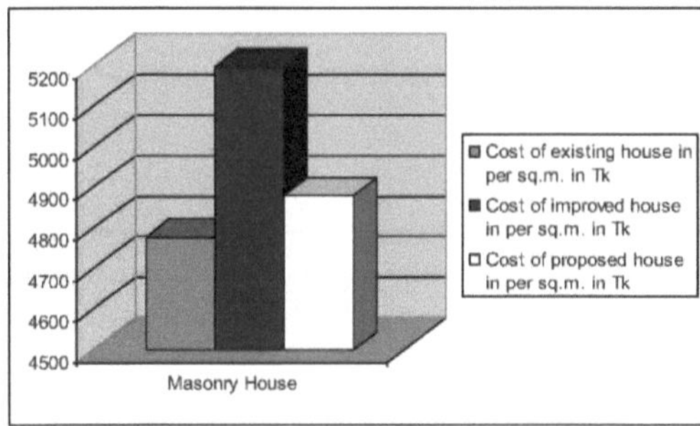

Fig6.38: Comparison of cost

[2]O custo de uma nova casa de alvenaria resistente a sismos com uma área de 57.312 metros é

de Tk 279585 ou US$ 3500. O custo unitário de construção de uma nova casa por 1 metro quadrado é de Tk 4878 ou US$ 65.

6.12 . Comparação de custos

Uma comparação de custos entre casas de alvenaria existentes moderadas e novas resistentes a sismos é mostrada na *Figura 6-38. 6-38*. Cerca de 25% do custo de construção de uma casa de alvenaria existente com um telhado de metal C I é necessário para o reforço sísmico, e cerca de 10% do custo de construção de uma casa de adobe existente é necessário para uma nova casa de alvenaria resistente a sismos.

6.13 . O procedimento da UNESCO para avaliar a segurança sísmica dos edifícios de alvenaria (UNESCO 2013)

A avaliação da segurança sísmica de casas rurais de alvenaria descrita nas secções anteriores pode ser efectuada utilizando o método de avaliação desenvolvido pela **UNESCO,** como se mostra no *Quadro 6.4.*

Se as habitações não satisfizerem os requisitos do quadro, podem ser tomadas as medidas enumeradas no quadro e efectuadas as alterações descritas na **secção 6.14** para evitar que o edifício se desmorone ou fique seriamente danificado.

Quadro 6.4: Avaliação da segurança sísmica das casas de alvenaria de acordo com a UNESCO

	Dados sobre o edifício	Os requisitos foram cumpridos?	TICK IT	
			Sim	Não
1	Número de histórias n =	n s 4		
2	Unidade de parede: BB / CB (sólida) / CB (oca) $_c$Com, resistência f = (kg/cm)^2	^{2} fc > 50 kg/cm fc > 35 kg/cm^2		
3	Espessura da parede de suporte de carga Parede exterior = (mm) Parede interior = (mm)	BB = 230 mm CB = 200 mm		
4	Argamassa usada =	C : S = 1 : 6 ou mais rico		
5	Parede mais comprida da sala = (m)	BBs 8 m, CB s < 7 m		
6	Altura da parede (do chão ao teto) = (m)	BB 3,45 metros CB< 3,0 m		
7	Aberturas de portas/janelas (ver fig. 4.8 na página 39) a) Grau máximo de abertura = (b) Largura mínima do pilar = (mm) (b) Distância mínima entre os pontos de canto = (m)	1° andar: 0,50, 2° andar: 0,42 3 ou 4 pisos: 0,33 0.6 m 0.45 m		
8	Tipo de solo a) Fogão RC ou RB b) Elementos da investigação preliminar c) Vigas de madeira com azulejos d) Arcos de trinco	com embraiagem RC com embraiagens e acoplamentos com embraiagens e acoplamentos com embraiagens e acoplamentos		
9	Tipo de telhado a) Plano, como um piso térreo b) Viga inclinada c) Viga inclinada	fixado com correias e fechos		

10	Riscas sísmicas a) na base b) Nível do lintel c) Nível do limiar d) à altura do teto, na cornija e) nas empenas f) no cume da crista	Necessário Necessário Necessário para 3 ou 4 pisos Obrigatório para 8b), c) e 9b), c) Necessário para 9b), c) Necessário para 9b), c)
11	11 Tiras verticais a) nos cantos exteriores b) nas juntas em T exteriores c) nos cantos interiores d) nas juntas em T interiores e) nos montantes das portas f) nos montantes das janelas	Necessário para a)-f)

Nota: JB = tijolo cozido, CB = bloco de betão, C : P = cimento : areia (relação volumétrica), RB = betão armado, RB = tijolo armado.

6.14 Medidas corretivas ou alterações necessárias

A instalação de componentes de atenuação estrutural em novas estruturas é menos dispendiosa do que a adaptação de estruturas existentes. Idealmente, as medidas de atenuação são adoptadas no momento da reconstrução para evitar a recorrência de condições vulneráveis anteriores. As seguintes medidas podem ser adoptadas caso a caso:

1. Outros andares superiores podem ser removidos.
2. Os apoios em RC ou aço podem ser considerados para elementos estruturais mais fracos.
3. As pilastras RC podem ser concebidas para paredes mais finas.
4. Para argamassas fracas, podem ser considerados pilares e vigas RC. Nos casos 2, 3 e 4 acima, o reforço das paredes com um revestimento de ferrocimento ou PRFV pode ser uma opção.
5. Instalar contrafortes a intervalos regulares para reforçar a parede.
6. Considerar a possibilidade de fechar uma das janelas ou reduzir a largura das aberturas das janelas, reforçando adicionalmente os suportes e reforçando os suportes com ferrocimento.
7. Utilizar uma ancoragem RC com uma viga RC circunferencial em vez de uma moldura de teto RC. Prever vigas transversais com contraventamento diagonal sob o pavimento. Prever ancoragens transversais soldadas às vigas de aço com contraventamento diagonal.
8. Utilizar travessas diagonais no plano das travessas e das vigas principais em cada quatro baías.
9. No caso de uma base alta, prever um cinto antissísmico. Prever cintas anti-sísmicas nas paredes nos níveis em que são necessárias cintas anti-sísmicas.
10. Instalar cintas sísmicas ou barras verticais nos cantos das paredes, de acordo com os regulamentos.

Capítulo 7
Edifício de betão armado **não reforçado**

7.1 Introdução

A construção em betão armado (RC) tornou-se recentemente um dos métodos de construção mais utilizados e aceites em todo o mundo. É também popular nas zonas rurais e semi-urbanas devido à sua maior resistência e durabilidade. Muitas vezes, os edifícios deste tipo são construídos nas zonas rurais por pequenos construtores e pedreiros locais, com base nos conhecimentos locais, sem qualquer projeto de engenharia. A conceção sísmica deste tipo de edifício não é tida em conta durante a construção e os pormenores das ligações entre as vigas e os pilares não permitem que a capacidade de carga da estrutura seja fiável. Nas zonas rurais do Bangladesh, as casas são geralmente construídas por pedreiros locais, utilizando materiais de construção disponíveis localmente. Nas zonas rurais, as pessoas utilizam **betão de tijolo queimado** feito apenas de areia fina local com baixo teor de sal e sem controlo de qualidade no estaleiro durante a construção, o que acarreta o risco de danos graves a esses edifícios durante um sismo. O **relatório da UNESCO de 2013** afirma que *os edifícios RC só podem ter um bom desempenho num terramoto se forem concebidos por engenheiros de acordo com os códigos de construção.* O enorme parque imobiliário nas zonas rurais do Bangladesh não pode ser substituído ou ignorado; tem de ser avaliado sismicamente e adaptado.

Este capítulo avalia o estado dos edifícios RC existentes na área de estudo e identifica deficiências na conceção sísmica e na disposição estrutural. São desenvolvidos métodos para a reabilitação de edifícios RC existentes e são explicados os princípios de conceção sísmica para a construção de novos edifícios RC.

7.2 Estado atual dos edifícios RC na zona de estudo

No distrito de **Pahartoli**, cerca de 10% da população total vive neste tipo de casa, e o estudo mostra que as pessoas neste distrito não constroem as suas casas de acordo com planos técnicos. Nas zonas rurais em rápido desenvolvimento do Bangladesh, é bastante comum os proprietários construírem eles próprios as suas casas. Nos melhores casos, a construção é supervisionada por um pedreiro que tem poucos conhecimentos dos princípios da engenharia sísmica. Os edifícios RC não construídos geralmente não passam pelo processo de licenciamento de construção e são comuns nas áreas rurais e nos arredores dos centros urbanos. Um típico edifício RC de um só piso na área de estudo *é apresentado na Fig. 7.1. 7.1.*

Figura 7.1: Edifícios RC típicos em **Pahartoli**.

7.3 . Material utilizado para a construção

Os seguintes materiais são utilizados na construção de edifícios RC que não são concebidos como estruturas de engenharia civil.

i. Agregado de tijolo queimado
ii. Cimento
iii. Areia local
iv. Barra de aço como reforço
v. Madeira para portas e janelas (64mmX50mm), (64mmX64mm)

7.4 Sequência de construção

1. Construção da fundação:

a) Em primeiro lugar, o local é planeado de acordo com o plano de construção. De seguida, o terreno é escavado até uma profundidade de 1500 mm, sem que sejam **efectuados testes ao solo**.

b) O poço escavado é preenchido com terra de tijolo com 76 mm de espessura e um revestimento de fundação em aço (1,52 m x 1,52 m) é colocado no topo da terra de tijolo. O revestimento de aço é constituído por barras de 12 mm de espessura com um espaçamento de 127 mm em cada direção. Quando o solo é macio, aplica-se primeiro uma camada de areia com 300 mm de espessura, seguida do pavimento de tijolo.

c) A mistura de betão (1:4:8) é vertida sobre o invólucro de aço, compactada e deixada em repouso até se atingir a resistência necessária.

d) É deixado um orifício retangular de dimensões ((254mmX254mm) ou (254mmX305mm)) no centro da base. Várias varas (normalmente 4 a 6) são ligadas à base com arame e retiradas da mesma. Estas hastes são utilizadas para fazer colunas.

e) Se a base de betão for suficientemente forte, é ligado outro revestimento de aço a um varão estendido para construir a coluna. São utilizados varões de 16 mmp para a coluna e varões de 8 mm com centros de 15-18 mm para as ancoragens.

f) A mistura de betão é então deixada em repouso até atingir a resistência necessária.

2. Construção em viga inclinada:

a) A viga é constituída por duas barras de 12 mm f na parte superior e duas barras de 16 mm f na parte inferior. Uma barra de 16 mm é utilizada como manivela. Os varões estão ligados aos pilares por um fio, mas não se prolongam para o interior do pilar.

b) Uma barra F de 8 mm é utilizada como travessa, e o espaçamento entre as travessas é de 18 mm na metade central da viga. Os outros dois lados são preenchidos com um espaçamento de 13 mm.

c) O betão é então vertido, compactado na cofragem e curado durante um período de tempo suficiente.

3. Construção de pilares e vigas:

a) Na construção de pilares, as barras verticais são ligadas às barras estendidas e as ancoragens são colocadas à distância indicada antes de a mistura de betão ser vertida e compactada na cofragem.

b) Se os apoios forem suficientemente rígidos, as vigas têm as mesmas propriedades que a viga inclinada.

c) Para os lintéis, são utilizadas madeiras de 10 mm de espessura como vigas longitudinais e madeiras de 8 mm de espessura como travessas.

4. Construção da laje de cobertura:

Para produzir a laje de cobertura, a cofragem é instalada primeiro. De seguida, são colocadas as armaduras

Uma cofragem é colocada em cima da cofragem e ligada com arame. O betão

Em seguida, é moldado e compactado. Aço sob a forma de uma barra com um diâmetro de 10 mm e com um

127 mm de distância entre as caixas.

5. Construção de paredes:

As paredes são feitas de tijolos sobre argamassa de cimento e têm 127 mm de espessura. No local de construção

Argamassa para paredes numa proporção de 1:6

7.5 Configuração estrutural do edifício RC existente

O esquema estrutural de um edifício típico de CCR, existente e não técnico, é apresentado na *Fig. 7.2. 7.2.*

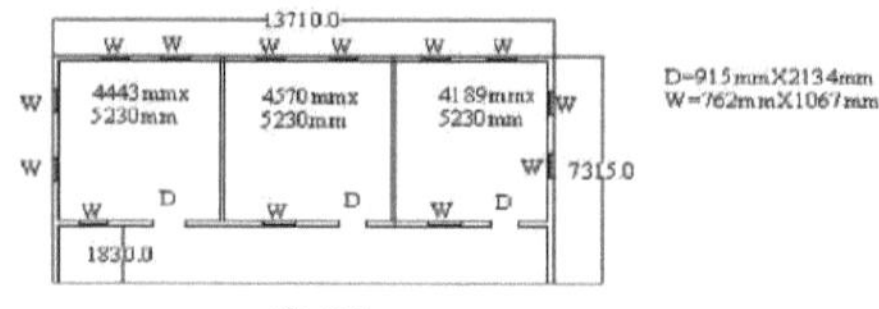

Figura 7.2: Planta de um edifício RC não técnico típico existente

7.6 Avaliação de um edifício RC não técnico existente

Utilizando os preços actuais dos materiais, o custo do edifício existente de CCR sem engenharia é apresentado no *Quadro 7.1.*

Quadro-7.1: Avaliação de um edifício não técnico típico existente

Sl.no.	Descrição dos artigos	Quantidade	Custo dos artigos em Tk	Custos para o BDT
1.	Tijolo	17900 unidades.	5 Taka por peça	Tk 89500.
2.	Cimento	76 Bolsas	Tk 250 por saco	19000 Taka

3.	Areia		7.03 cum.	800 Taka por esperma	Tk 5624
4.	Aço		9106kg	50 taka por kg	Tk 455300
5.	Madeira		0,105cum	10600 Taka por esperma	Tk 1113.
6.	Diversos				5000 Taka
7.	Trabalho	Qualificado	10 nasal Dia 40	Tk 250 por pessoa	100 000 taka
		Pessoal não qualificado	15 nasal Dia 40	Tk 150 por pessoa	90000 Taka
8.	Transporte				Tk 10000.
9.	No total				Tk 775537

[2]Os custos para um edifício metálico típico existente, não técnico, com uma área de 100,29 metros são os seguintes

Tk. 7,75,537 ou US$ 10,000. custo unitário de um edifício típico de centro comercial existente por unidade.

metro quadrado é de Tk 7.733 crore ou US$ 100.

7.7 Pontos fracos sísmicos do edifício RC existente

a) **Falta de material:** A principal caraterística para o bom comportamento dos edifícios RC depende da boa qualidade do betão. O betão utilizado na construção com agregado de tijolo queimado e apenas areia fina localizada tem um rácio de 1:4:8, o que não dá uma resistência suficiente de 3000 psi.

b) **Questões de planeamento sísmico:** Para garantir que os edifícios RC não sejam danificados por sismos, as orientações sísmicas devem ser respeitadas na fase de planeamento, o que não é o caso nesta área.

c) **Inadequações na disposição das armaduras:** O comportamento melhorado das estruturas RC durante os sismos depende principalmente da disposição das armaduras das vigas e dos pilares. O processo de construção existente revela claramente que não existem juntas sobrepostas ou barras em forma de gancho. Também não está prevista a colocação de cunhas ao nível da fundação.

d) **Ligações viga-pilar:** As ligações viga-pilar não estão suficientemente dimensionadas. Além disso, as ancoragens utilizadas nos pilares e nas cordas das vigas não são suficientes para resistir às forças de corte induzidas pelo sismo.

e) **Falta de elementos não-estruturais:** Muitos edifícios têm grandes beirais ou estruturas em consola. Estas podem desmoronar-se durante um terramoto. Como não fazem parte do edifício principal, os seus danos não afectam o sistema estrutural. No entanto, o seu colapso pode causar danos nos edifícios circundantes e a perda de vidas humanas. *A **Fig.** 7.3 apresenta* um edifício RC típico com uma grande consola.

Figura 7.3: Edifício típico existente com uma grande cornija ou saliência

7.8 . Avaliação sísmica e técnica de reforço para um edifício RC existente (UNESCO 2013)

A necessidade de melhorar a resistência sísmica de um edifício existente decorre geralmente da deteção de danos e de um mau comportamento em sismos recentes. A decisão sobre se e em que medida um determinado edifício precisa de ser reforçado deve basear-se em cálculos que mostrem se os níveis de segurança exigidos pelos códigos e recomendações de construção aplicáveis são cumpridos. A avaliação da vulnerabilidade sísmica dos edifícios de aço é efectuada em três fases: **Avaliação no local, avaliação preliminar** e **avaliação detalhada.** Em todos os casos, o proprietário do edifício deve ser facilmente convencido a tomar medidas para melhorar a segurança sísmica do seu edifício, mas está normalmente relutante em investir em melhorias de segurança sísmica.

O comportamento sísmico dos edifícios existentes é afetado pelas suas inadequações estruturais iniciais na conceção e na construção, pela má qualidade dos materiais utilizados e pela sua deterioração ao longo do tempo, pela má execução das obras e pelas alterações introduzidas ao longo dos anos durante o funcionamento. A possibilidade de demolir edifícios e construir novos edifícios sismo-resistentes não é geralmente viável por razões sociais e económicas. Uma substituição completa dos edifícios na zona levaria também à destruição de muitos laços sociais e humanos. Por conseguinte, é simplesmente necessário um reforço antissísmico dos edifícios de betão armado existentes na zona.

A avaliação sísmica e os planos de reforço devem ser concebidos e supervisionados por engenheiros de estruturas experientes. Em geral, os procedimentos de reforço devem ser concebidos para atingir um ou mais dos seguintes objectivos

1. Aumentar a resistência horizontal numa ou em ambas as direcções X e Y, reforçando ou aumentando a espessura/área do muro ou o número de muros e apoios.
2. Normalização de uma estrutura através da criação de uma ligação adequada entre os elementos resistentes.
3. Eliminação de elementos que representam um ponto fraco ou que conduzem a concentrações de tensões em alguns elementos.
4. Prevenir a possibilidade de falha frágil reforçando e ligando adequadamente os elementos resistentes.
5.

6. 8.1 Reforço de pilares

Os pilares RC podem ser reforçados com um casco e uma gaiola adicional de armadura longitudinal e transversal à volta do pilar através da colocação de um anel de betão, *como mostra a Fig. 7.4. 7.4.*

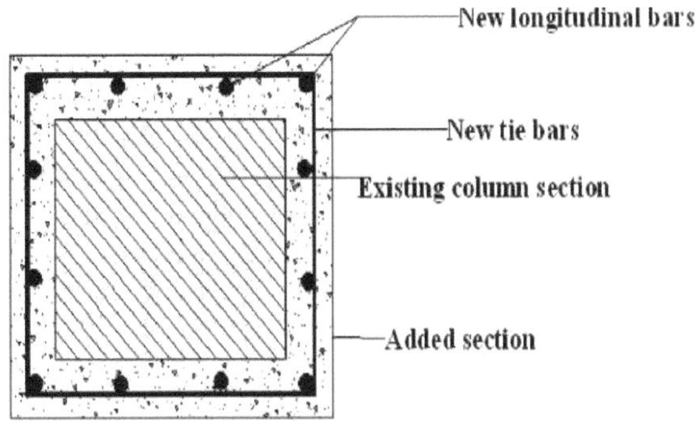

Fig. 7.4: Cobertura de um pilar de betão

7. 8.2 Reforço de vigas

Para selar uma viga de betão armado, primeiro é necessário fazer furos na laje e passar estribos para a fixar à viga antiga, *como se mostra na Fig. 7.5 e na Fig. 7.6. 7.5 e Fig. 7.6* A secção transversal inadequada de pilares e vigas de betão armado pode ser reforçada removendo o revestimento do aço antigo, soldando aço novo ao aço antigo e substituindo o revestimento.

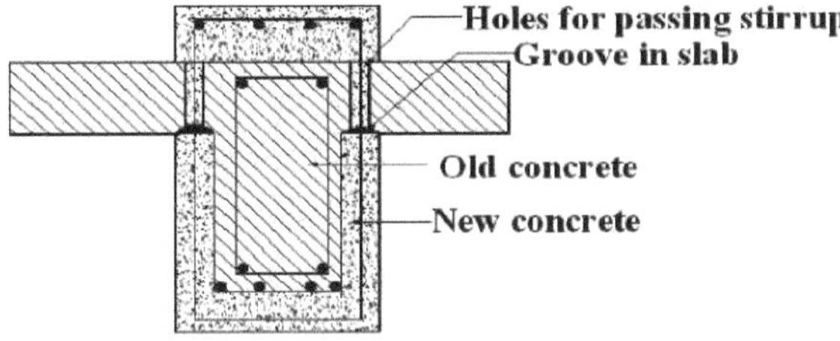

Figura 7.5: Extensão da secção transversal e reforço de uma viga existente

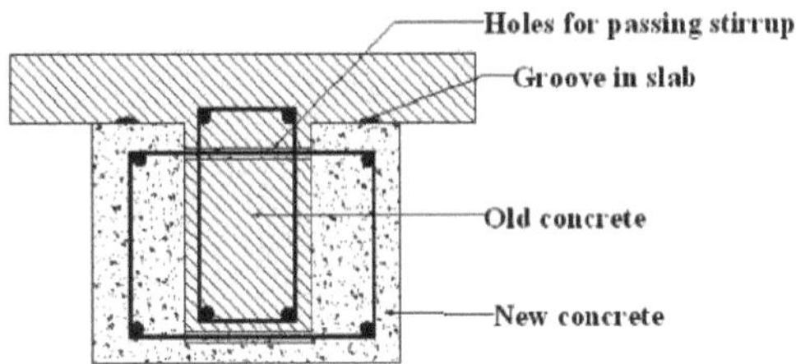

Figura 7.6: Extensão da secção transversal e reforço de uma viga existente

7.9 . Estimativa do valor de um edifício RC melhorado

O quadro 7.2 mostra o custo de um edifício R.C.C. melhorado e não técnico, utilizando os preços actuais dos materiais.

Quadro-7.2: Valor estimado de um edifício melhorado, não técnico, com betão armado.

Sl. Não.	Descrição dos artigos		Número de artigos	Custo dos artigos em Tk	Montante Elementos em Tk
1.	Tijolo		21.000 unidades.	5 Taka por peça	105000 Taka
2.	Cimento		95 sacos	Tk 250 por saco	Tk 23750.
3.	Areia		11.25 cum.	800 Taka por esperma	9000 Taka
4.	Aço		10105kg	50 taka por kg	Tk 505250.
5.	Madeira		0,105cum	Tk 10600procum	Tk 1113.
6.	Diversos				5000 Taka
7.	Trabalho	Qualificado	4 nasal 40 dias	Tk 250 por pessoa por dia	100 000 taka
		Pessoal não qualificado	6 nasal Dia 40	Tk 150 por pessoa e por dia	90000 Taka
8.	Transporte				Tk 10000.
9.	No total				Tk 849113.

[2]Os custos de um edifício melhorado, não técnico, com uma superfície de 100,29 metros são os seguintes

O custo unitário da casa melhorada por metro quadrado é de Tk 8.467 ou US$ 110.

7.10 . Conceção do edifício RC proposto resistente aos sismos

O planeamento de uma nova casa resistente a sismos pode ser feito em duas fases.

1. Cálculo das cargas e dos diferentes componentes da estrutura.
2. Desenvolvimento de diretrizes de design para este tipo de casa.

As secções seguintes descrevem o procedimento detalhado para a construção de um novo edifício RC não reforçado e resistente a sismos.

2.1.1 Cálculo do projeto de um edifício RC

Cálculo de carga:

Peso específico do betão de cimento armado=23,6KN/m^3

Peso específico da alvenaria=18,85KN/m3

Carga viva do telhado=1,5KN/m2

Área útil=103,724 m2

Comprimento da parede = 50,3 m

Cálculo da carga morta:

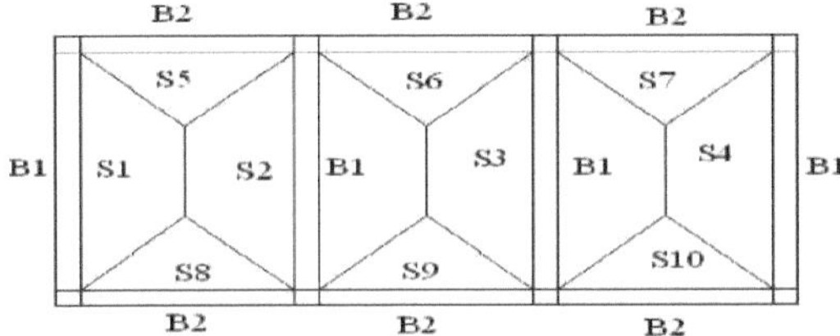

Figura 7.6: Diagrama da distribuição da carga nas vigas

A Fig. 7.6 mostra que a carga máxima na viga B1 se baseia no vão S2 e a carga máxima na viga B2 se baseia no vão S5.

A carga de S2 na viga B1 é, portanto

[22]=(2*0,5*2,285 +2 *0,5*2,25 +2,745*2,285+2,25*2,815) *125*23,6/1000=67,42KN.

Carga distribuída na viga B1=67,42/7,315=9,217 KN/m

Carga total em B2 do vão S5=0.5*2.285*4.57*0.125*23.6=15.38KN

Balkenverteilung B2=15.38/4.57=3.37KN/m

Cálculo da carga viva:

Carga viva da cobertura = 1,5 KN/m^2

Carga útil na viga B1=22,89*1,5=34,334KN

Carga distribuída em B1=34,334/7,315=4,69KN/m

Carga viva na viga B2=5,22*1,5=7,83KN

Balkenverteilung B2=7.83/4.57=1.714KN/m

Cálculo da carga de vento:

Para Chittagong, a velocidade de base do vento é Vb= 260 km/h (do Quadro-6.2.8, BNBC, 1993)

> Pressão sustentada do vento, qz=Cc*CI*Cz *Vb2 (de acordo com BNBC, secção 2.4.6.2)

Aplica-se o seguinte: qz = pressão sustentada do vento à altura z, KN/m

> CI=coeficiente de importância da estrutura=1,00 (de acordo com a BNBC, Quadro - 6.2.9)

> Cc=fator de conversão de velocidade em pressão=47,2E-6

> Cz= altura combinada e coeficiente de exposição=0,801 (de acordo com BNBC, tabela - 6.2.10)

> Vb=velocidade do vento principal em km/h da secção 2.4.5

Pressão sustentada do vento, qz=0,801*47,2E-6*1,00*2602=2,56KN/m2

Pressão de projeto do vento, Pz=CG*Cp*qz (de acordo com BNBC, secção 2.4.6.3)

Em que Pz = pressão de projeto do vento à altura z, KN/m2

> CG=coeficiente de gustação=1,321 (BNBC, Secção-2.4.6.6, Quadro-6.2.11)

Cp= Coeficiente de pressão para estruturas (BNBC, secção 2.4.6.7)

Para paredes e telhados virados para o vento,

Para a parede, Cpe=0,8 (BNBC, Figura -6.2.5),

Pressão do vento calculada, Pz=1,321*0,8*2,56=2,705 KN/m^2

Cpe=0,3 (normal à cumeeira) aplica-se à cobertura (BNBC, Figura -6.2.5),

Pressão do vento calculada, Pz=1,321*0,3*2,56=1,015 KNW

Para a parede de sotavento e o teto,

Cpe= -0,5 aplica-se à parede (BNBC, Figura -6.2.5),

Pressão do vento calculada, Pz=1,321*(-0,5)*2,56= -1,69 KNW

Cpe= -0,7 aplica-se à cobertura (BNBC, Figura -6.2.5),

Pressão do vento calculada, Pz=1,321*(-0,7)*2,56= -2,37KN/m2

Carga de vento actuando no pórtico F2= 2.705*1.524*4.57= 18.84 KN

Cálculo da carga sísmica:

Deslocamento da base, V= (ZIC/R)*W (de acordo com BNBC, secção 2.5.6.1)

Onde, Z= Coeficiente de zona sísmica=0,15 (para Zona-2) (de acordo com BNBC, Tabela-6.2.22)

> I= coeficiente de significância estrutural=1,00 (de acordo com a BNBC, Tabela 6.2.23)

> R= Fator de Modificação de Resposta =6,00 (de acordo com BNBC, Tabela6.2.23)

> W= carga sísmica total de acordo com o BNBC, secção 2.5.5.2

> C= Coeficientes numéricos (1,25S)/T %

> S= Fator de local para as propriedades do solo (de acordo com BNBC, Tabela-6.2.25)

> T= Período de oscilação fundamental (de acordo com a BNBC, secção 2.5.6.2) = Ct (hn) %

> Ct= 0,049 (BNBC, secção 2.5.6.2)

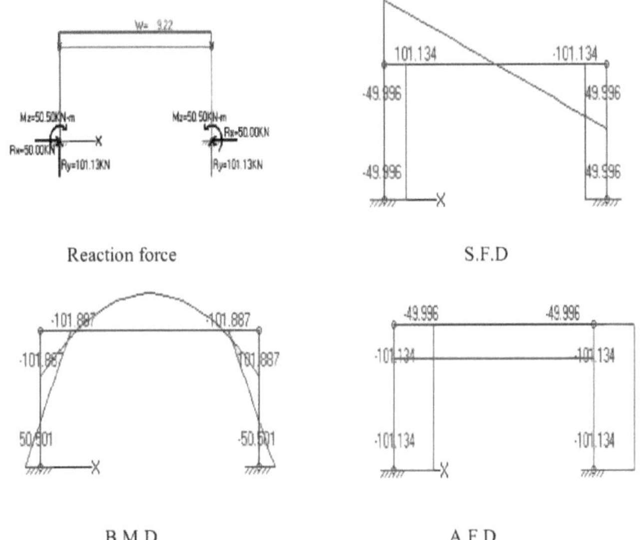

Fig-7.6: Analysis for dead load

hn = altura em metros acima da superfície de base até ao nível n = 2,44 m.

Isto significa que T=0,096 segundos e C=5,962

Deslocação da base, V= (ZIC/R)*W= (0,15*1*5,69/6)*671,67=95,55 KN

Distribuição do edifício = 95,55/13,92=6,86 KN/m

Rahmenlast, F2=6.86*4.57=31.35KN

É utilizada a combinação de cargas 1.4(D+L+E)

Análises para diferentes cargas:

Carga morta:

Live load:

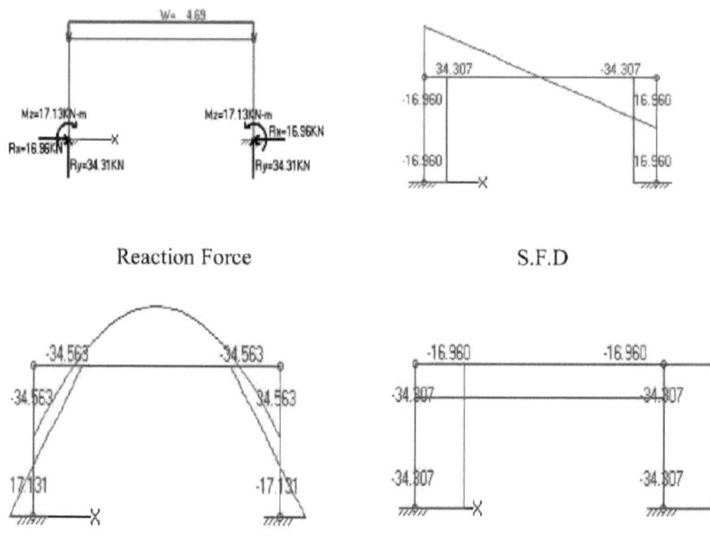

Reaction Force   S.F.D

B. M. D.   A. F. D.

Fig-7.7: Analysis for live load

Earthquake load:

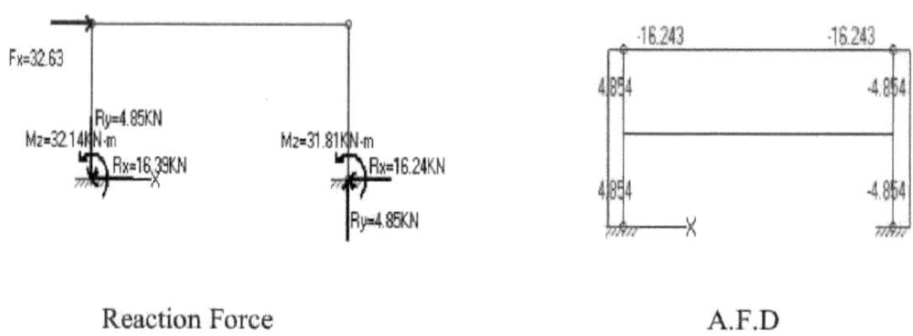

Reaction Force   A.F.D

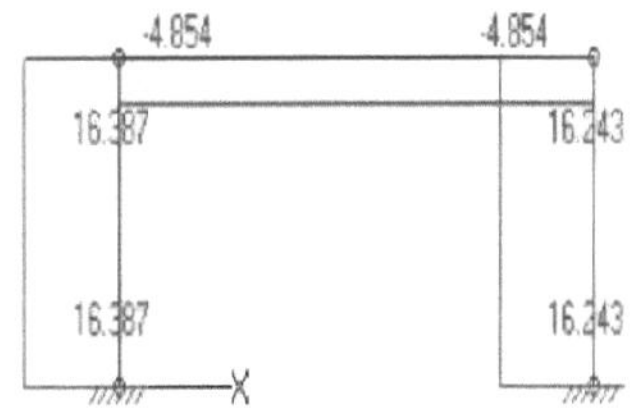

S.F.D.   B.M.D.

Figura 7.8: Análise para carga sísmica.

Conceção dos diferentes elementos de um sistema estrutural

Conceção da placa:

Assumir que a espessura mínima do painel é de 150 mm.

[2]Carga morta=1,2*2,95=3,54KN/m ;Carga de trabalho=1,6*1,5=2,4 KN/m^2

Carga total = 5,94 KN/m2

Com suporte interno=1/9*5,94*4,3 1 62=12,3KN-m

No centro do vão = 1/14*5,94*4,3162=7,904KN-m

Com suporte externo=1/24*5,94*4,3162=4,61KN-m

[2]pmax=0.85 *(27.58/275.8)*(0.003/(0.003+0.004))=0.031

[3]d2=Mu/(9pfyb(1 -0.59pfy/fc)) =12.3/(0.9*0.031 *275.8*10 *1*(1 -0.59*0.031 *275.8/27.58))=1.956E-3

d=0.044m=44.22mm; dreq<dact=(125-25)=100mm

Com apoio interno: Suponha que a profundidade do bloco sob tensão é a=25 mm.

As=Mu%fy(d-a/2))=12.3/(0.9*275.8E3*(100-25/2))=5.66e-4m2=566.32mm2
a=Asfy/0.85fcb=(5.66e-4*275.8e3)/(0.85*27.58e3*1)=6.66mm

Suponhamos novamente que a=10 mm; então As=521,6 mm2

para o qual a=6,14 mm; por conseguinte, é considerado normal.

Utilizar madeira de lbttf com espaçamento de 385 mm c/c

[2]No centro do vão, As=335.19 mm ;Utilizar viga lbtf @600 mm sem espaçamento

[2]No apoio exterior, As=195,5 mm ;Utilizar uma viga de 1bmmf a 1000 mm por segundo.

A armadura mínima necessária contra fissuras de retração e temperatura é
As=0,002*1*0,125=250mm^2

A força de corte efectiva à distância 'd' da superfície de apoio do suporte interior é,Vu=(1,15*5,94*4,316/2)-(5,94*100/1000) =14,15KN

A resistência ao corte nominal da laje de betão é,Vn=Vc=2^fc*b*d=33,21KN

Resistência ao corte de projeto da laje de betão, fVs=0,75*33,21=24,9 KN>Bu

Construção de vigas:

Mu=166,106KN-m; Vu=183,2KN

Suponha que as dimensões do suporte são (450 mmX300 mm).

O transportador é concebido como um transportador T

A largura efectiva do verdugo é o mais pequeno dos valores,

16hf +bw=16*125+300=2300mm;span/4=7315/4=1830mm;c/cbeam Distância = 4570 mm

bf =1830 mm

Assumindo que a=125 mm

[3]As=Mu/(9fy(d-a/2))=166.106/(0.9*275.8*10 (400-125*.5))=1416мм2

a=Asfy/(0,85*fc*b)=55,33 mm>Aceitou-se "a"; a análise da viga retangular é suficiente.

As=166.106/(0.9*275.8*(400-55*0.5))=1280mm2

Utilizar quatro hastes de 22 mmf que dão As=1520,52 mm.[2]

Cisalhamento:

[3]fVs=0,75 *2*^27,58*10 *300 *400/1000=29,89KN

·fU8=Ui-f¥c=153,31KKK>4f^i cba=59,79 KN

A maior distância é, portanto, o menor dos seguintes valores: Smax=d/2=200 mm; Smax=300 mm

Valor requerido S=(^Avfyd)/(Vi-fUs)=145 mm   (1 Ohm f bar é utilizado como passo)

S=145 mm

O esquema é apresentado a seguir:

1 dígito por 72 mm = 72 mm
15 dígitos por 145 mm = 2175 mm
4 bancos 160 mm cada = 640 mm
4 dígitos de 190 mm = 760 m
Total = 3650 mm

Conceção da coluna:

Pu=100.54KN;Mu=166.106KN-m

Assumindo que o tamanho da coluna é (300mX300mm);Ag=0.09m^2

ε[3]Kp=Ri/(FGSA) =100,54/(0,65 *28,75*10 0,09)=0,06

ε³Kp=Mi/(FGSA h)=166,106/(0,65*28,75*10 *0,09*0,3)=0,375

Para o parâmetro de caudal 50 mm.y=(300-100)/300=0.667. Assim, pg =0.01

²Ramo=0.01 *300*300=900mm ;Utilizar quatro barras f de 19mm em quatro SORNIERI^.

São utilizadas cintas feitas de varão de 10 mmf.

Distância Smax=48dbt=480 mm; Smax=16dbl=304 mm ou Smax=500 mm S=300 mm.

Ligação de uma viga a um pilar,

··Comprimento de desenvolvimento - máximo ol'.lis0.02lU \l de Mb241inin

& ldc=0,0003*275,8*10*19=228mm³

ld=241 mm

Com uma haste de 19 mm, o comprimento de impressão é de 0,0005fydb=381 mm.

O tamanho da coluna é de 300 mm

Área efectiva necessária da betonilha=0,0015hs=140 mm²

Os limiares lOttf oferecem uma área de 2*78,53=157 mm²

Por conseguinte, é utilizado um fator de redução de 0,83.

Comprimento da costura de impressão = 381*0,83=316 mm

Desenvolvimento da barra de malha em tração: ldh=(0.02fyWfc)db=241 mm

Required length=0.8*0.93*241=179mm~180mm

Comprimento disponível=300-50=250mm

Por conseguinte, o comprimento necessário é incluído na coluna.

O gancho é dobrado com um diâmetro mínimo de 8db=152mm.

A banda é continuada 12 dB=228 mm para além do fim da banda na direção vertical.

<u>Fundação de Design:</u>

Coluna (300 mmX300 mm)

Peso morto = 657 KN

Carga viva=150KN

Capacidade de carga presumida do pavimento = 200 KN/m²

Peso específico médio do pavimento e do betão = 21,21 KN/m³

A profundidade estimada da fundação é de 1,5 metros.

A pressão do solo a uma profundidade de 1,5 m é 1,5*21,21=31,82 KN/m2

Pressão efectiva da chumaceira para suportar a carga, qe =200-31,82=168,18 KN/m2

Erforderliche Grundfläche=(657+150)/168,18=4,8m2
É selecionada uma área de base de 2,2 m x 2,2 m, ou seja, a área de base é de 4,84 m2

A pressão ascendente causada pela carga efectiva no pilar é qu =
(1.2*657+1.6*150)*4.84 =212.5KN/m ^{2}

Assumindo d=300 mm

$_o$O comprimento da circunferência crítica é b =4*(300+300)=2400 mm.

[22]A força de corte que actua sobre esta circunferência é Vu1=2 1 2,5*(22 00 -600)=952 KN

$_c$Resistência nominal ao corte, V =4^fcbod=1275,9KN

ou seja, rUS=956,92^

A profundidade é, portanto, suficiente para a penetração de cisalhamento.

[2]Ensaio de cisalhamento unidirecional ou de viga, Vu2=212,5*650*2200/1000 =303,88KN

Aqui 9Ve=92^f'cbd=0,75*575,57=431,6KN, ou seja, aprox.

Momento fletor através da secção transversal na extremidade do pilar,

Mu=212,5*2,2*0,952/2=2 1 0,96KN-m

Assumindo que a=50 mm, a área de aço necessária é
As=210,96/(0,9*275,8*(300*25))=3091 mm2

[2]Asmin =(3^fc/fy)*bd =3180,75mm <(200/fy)bd=3352,78mm^2

A área de aço necessária é então de 3353 mm2

Utilizar sete hastes de 25 mmf em cada direção

Comprimento do desenrolamento = 815 mm; que está suficientemente disponível em (950-75)mm = 875 mm

Os pinos que sobressaem na coluna têm 330 mm de comprimento.

O comprimento mínimo da junta de sobreposição é de 500 mm; ou seja, o comprimento mínimo da junta de sobreposição é de 500 mm

As hastes são, portanto, inseridas 500 mm no pilar, o que requer um comprimento total de cavilha de 800 mm.

Общая толщина=300+76+38=414мм~420мм

7.10.2 Orientações para a conceção de um novo edifício sismo-resistente feito de estruturas metálicas

O betão de cimento armado é um dos materiais de construção mais conhecidos, mais duráveis e mais aceitáveis. No entanto, devido à falta de conhecimentos em matéria de construção, o seu desempenho é fraco quando sujeito a abalos sísmicos. Abaixo encontram-se orientações para a construção de uma casa resistente a sismos utilizando materiais locais e tecnologias disponíveis:

1- **Estruturas de betão**: Nas estruturas de betão armado, a principal caraterística para o bom comportamento do betão armado é a boa qualidade do betão, o que não é normalmente conseguido em estruturas não projectadas. São dadas aqui orientações simples para a produção de betão com resistência suficiente.

a) **Mistura dos materiais**: Se **a mistura** for feita à mão, deve ser efectuada numa plataforma impermeável (placas de ferro ou chão cimentado). Para preparar uma mistura 1:2:4, primeiro mede-se quatro caixas de agregado e nivela-se na plataforma, depois deita-se duas caixas de areia por cima do agregado e, finalmente, deita-se um saco cheio de cimento por cima. O material é primeiro misturado a seco para obter uma cor uniforme e depois é adicionada água. A quantidade de água deve ser suficiente para moldar o betão misturado numa bola macia nas suas mãos. Uma mistura ligeiramente mais húmida é mais adequada para ser compactada à mão.

b) **Cofragem:** A qualidade da superfície do betão e a resistência do betão dependem da cofragem e da sua impermeabilidade a fugas de água através das juntas. Devem ser utilizadas cofragens de madeira com uma superfície bem moldada e juntas entre as tábuas.

c) **Colocação da armadura**: Os seguintes pontos devem ser observados aquando da colocação da armadura, caso contrário a estrutura apresentará uma fraqueza indefinida:

1. **Camada de reforço transparente mínima:**

Painéis, paredes: sobreposição mínima   ,   mm

45 mm f e 55 mm f	30
35 mm f e	menos20

Vigas, colunas: | **Sobreposição mínima, mm**

Reforço primário40	
Amarras,	estribos30

Um método simples e eficaz de conseguir uma boa cobertura é fazer cubos de argamassa de cimento com o tamanho necessário e colocá-los entre as madeiras e a cofragem. Amarrar as madeiras com arame fino garante uma boa cobertura.

ii. Amarrar as barras longitudinais às barras transversais, estribos e elos em cada intersecção com fio de ligação.

iii. A sobreposição mínima das hastes é de 45 vezes o diâmetro da haste. É conveniente enrolar o fio de ligação à volta da parte sobreposta.

iv. Forma das ligações e dos estribos: As extremidades das barras são interligadas por flexão a 180° de aço macio com um alongamento de 10d, como mostra a *Fig. 7.9. 7.9.*

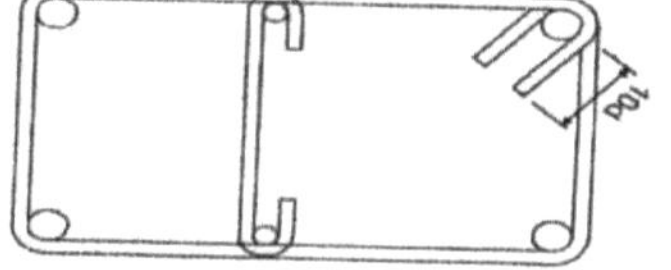
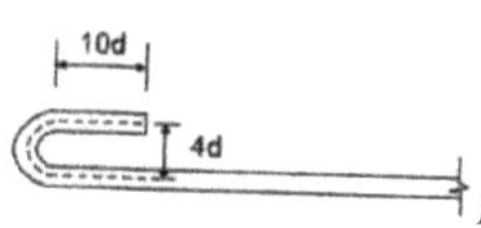

Fig. 7.9: Gancho na extremidade das hastes

d) **Colocação e compactação do betão**: Em regra, o betão deve ser vertido continuamente para evitar interrupções superiores a uma hora. O betão misturado não deve permanecer na plataforma durante mais de 45 minutos e deve ser continuamente vertido nos moldes e compactado. A compactação deve ser efectuada manualmente, rolando o betão acabado de colocar. O simples alisamento da superfície com uma espátula conduzirá à formação de vazios na massa. É de notar que uma compactação insuficiente conduz a uma redução significativa da resistência do betão, razão pela qual este fator deve ser alvo da máxima atenção. Se não houver um vibrador disponível no local, podem ser obtidos bons resultados utilizando varas com um diâmetro de 16 mm e um comprimento de cerca de 50 cm.

e) **Cura do betão: O betão** deve permanecer na água durante, pelo menos, 14 dias antes de perder a sua resistência e se tornar quebradiço. As lajes de betão podem ser mantidas debaixo de água, deitando água sobre elas e colocando barreiras de terra à volta das bordas. As colunas devem ser armazenadas em sacos vazios. Manter as formas laterais sobre as teias das vigas impedirá a evaporação da água do betão e promoverá a cura. Cobrir as superfícies de betão com folhas de polietileno depois de molhadas ajuda a reter a humidade.

f) **Betumação**: A superfície do betão deve ser cuidadosamente limpa antes da betumação. Imediatamente antes da colocação do novo betão, a superfície deve ser cuidadosamente humedecida e revestida com uma camada de argamassa de cimento limpa. As juntas de construção das lajes devem situar-se perto do centro dos vãos das lajes, das vigas ou das travessas, exceto se uma viga atravessar uma travessa nesse ponto, caso em que as juntas da travessa devem ser escalonadas numa distância igual ao dobro da largura da travessa. Devem ser previstas cunhas para transferir as forças de corte através da junta de construção.

2. **Propriedades do material**: O betão é um material frágil, fraco contra vibrações e cargas de impacto. Apenas o aço de reforço lhe confere deformabilidade. A resistência à compressão e a deformabilidade podem ser significativamente aumentadas através da utilização de ancoragens laterais estreitamente espaçadas. Esta é uma propriedade importante para aumentar a resistência sísmica de colunas e estruturas reforçadas. O betão é produzido de forma a ter a resistência necessária para a utilização pretendida. Em regra, a proporção de mistura de cimento: areia: agregado grosso é selecionada como 1:2:4 ou 1:1,5:3 em volume.

3. **Pormenorização das vigas**

a) Aço longitudinal: As vigas devem ser reforçadas no topo e na base a todo o comprimento. Se o projeto exigir um reforço, a percentagem deve corresponder ao comportamento de deformação. O valor limite recomendado para a área de aço é de 0,01. O aço mínimo deve ser constituído por duas barras com um diâmetro de 12 mm.

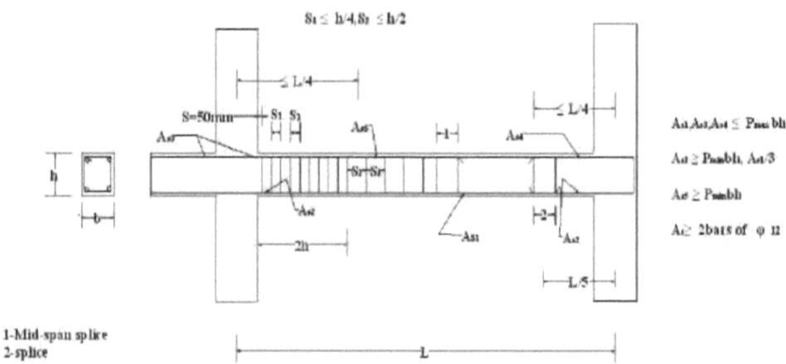

Fig. 7.10: Pormenor da armadura da viga

b) Ligações em aço: Todas as barras longitudinais devem ser ancoradas ou unidas para desenvolver a sua força total. Todas as uniões devem ter pelo menos duas ancoragens em cada extremidade da união para evitar a fragmentação do betão da estrada (ver *Fig. 7.10).* *7.10.*

c) Estribos transversais em aço: A resistência ao corte da viga deve ser superior à resistência à flexão, como mostra a *figura 7.10. 7.10.* O espaçamento das travessas verticais não deve ser superior a um quarto da profundidade efectiva na extremidade 2h do vão da viga. Para o resto do comprimento, o espaçamento não deve ser superior a h/2.

4. **Pormenores da coluna**

a) Secção transversal do pilar: Tendo em conta as forças sísmicas que actuam em todas as direcções, uma secção transversal de pilar quadrada é melhor do que uma secção transversal retangular.

b) Aço longitudinal: A armadura vertical deve ser distribuída por todos os lados dos pilares. A utilização de 8 barras verticais é preferível a quatro barras com a mesma área: O diâmetro mínimo dos varões é de 12 mm.

c) O comportamento dos pilares pode ser significativamente melhorado através da utilização de ancoragens com uma ancoragem adequada nas extremidades, sob a forma de ganchos adequados com um espaçamento próximo. Se os extremos do pilar tiverem cerca de 450 mm de comprimento, o espaçamento não deve ser superior a 100 mm para se obter a ductilidade indicada na *Fig. 7.11. 7.11.*

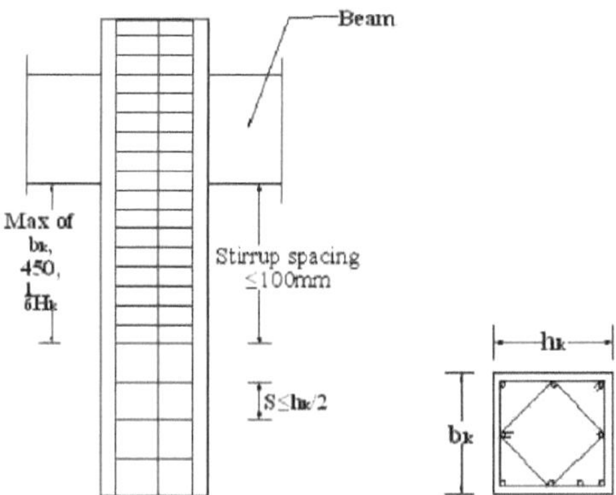

Fig. 7.11: Armadura de pilar

d) Pilares de canto: Os pilares de canto dos edifícios estão sujeitos a cargas mais elevadas do que todos os outros pilares devido à flexão biaxial, pelo que devem ser equipados com aço em todos os lados e bem contraventados nos lados.

5. Ligação: As vigas e os pilares devem estar bem apoiados na zona de compressão para atingirem a sua força total. Se a ligação não for limitada em todos os quatro lados por vigas, devem ser efectuadas ligações estreitamente espaçadas no pilar ao longo da altura da ligação, como mostra a *Fig. 7.12. 7.12.*

6.

7. Pormenores de ligação: As ligações entre a viga de pavimento e o apoio exterior, a laje de pavimento e a viga, a viga de cobertura e o apoio exterior, a viga de pavimento e o apoio interior são indicadas da seguinte forma.

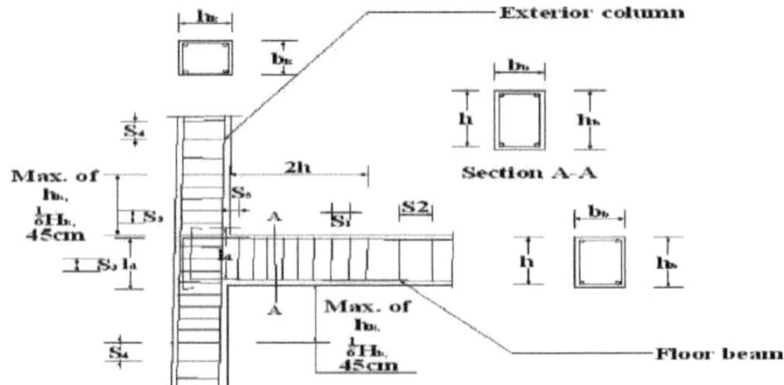

Fig. 7.12 - Ligação entre a viga de pavimento e o apoio exterior.

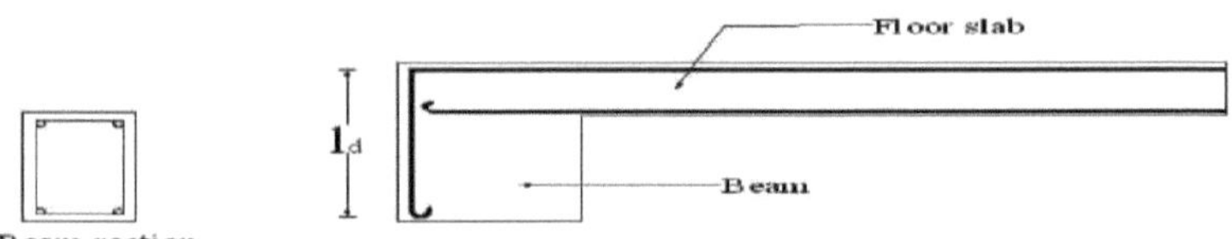

Fig. 7.13: (a) Ligação entre a placa de base e a viga

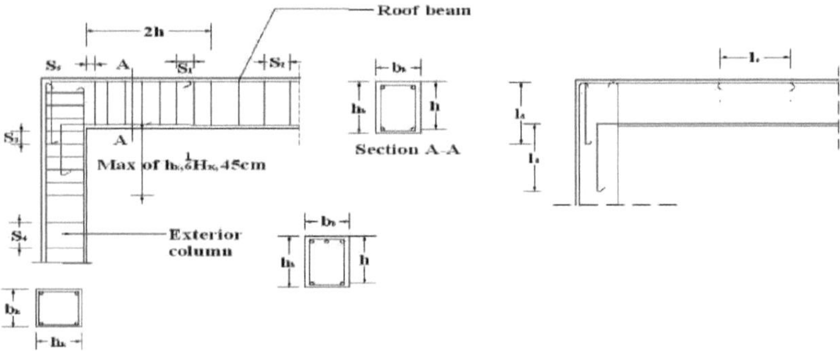

Fig. 7.13: (b) Ligação entre a viga de cobertura e o apoio exterior.

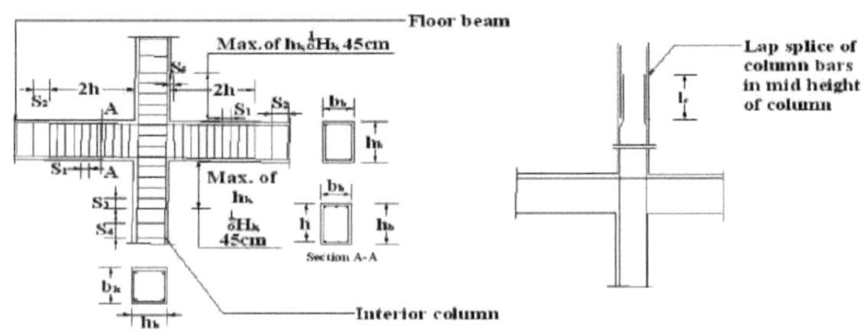

Fig. 7.14: Ligação entre a viga do teto e o suporte interior.

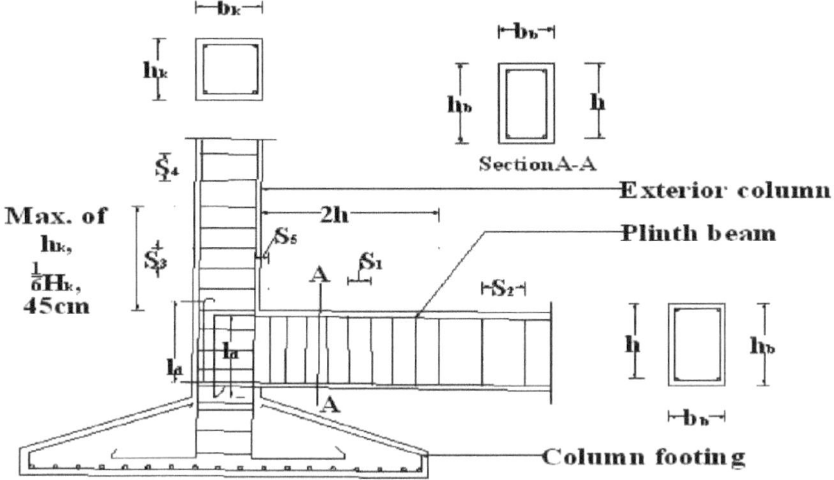

Fig. 7.15: Ligação entre a base do pilar e a viga da cave.

As Fig. 7.12, Fig. 7.13, Fig. 7.14 e *Fig. 7.15* mostram pormenores típicos recomendados de ligação entre laje, *viga e pilar em estruturas RC resistentes a sismos.*
Detalhes de ligação entre laje, viga e pilar em estruturas RC resistentes a sismos utilizando as seguintes dimensões
utilizando as seguintes dimensões
: S2=valor máximo=h/4 ou 16d, o que for menor, onde
d=diâmetro da armadura da viga; S3=valor máximo=h/2; S4=valor de 75mm a 100mm; S5=valor máximo=bk/2 ou 200mm, o que for menor; S6=valor ótimo;
lo=comprimento da laje para desenvolver a resistência total à tração~55d incluindo curvas ou ganchos; ld=comprimento da ancoragem para desenvolver a resistência total à tração~55d incluindo curvas ou ganchos.

Diâmetro das barras para vigas e pilares: Mínimo = 6 mm; preferencial = 8 mm.

7.11. Cálculo do custo de um edifício novo, antissísmico, em construção metálica

O Quadro 7.3 apresenta o custo de um novo edifício RC não projetado, resistente a sismos, utilizando os preços actuais dos materiais.

Quadro 7.3: Estimativa do custo de um novo edifício resistente aos sismos sem estruturas de engenharia

Sl. Não.	Descrição dos artigos	Quantidade Bens	Custo dos artigos em Tk	Número de itens no Taka
1.	Tijolo	25200 unidades.	5 Taka por peça	126 000 taka
2.	Cimento	165 sacos	Tk 250 por saco	Tk 41250.

3.	Areia		15.27 cum.	800 Taka por esperma	Tk 12216.
4.	Aço		10165kg	50 taka por kg	Tk 508250
5.	Madeira		0,105cum	10600 Taka por esperma	Tk 1113.
6.	Diversos				5000 Taka
7.	Trabalho	Qualificado	10 Não. 60 dias.	Tk 250 por pessoa por dia	150000 Taka
		Pessoal não qualificado	15 nasal 60 dias	Tk 150 por pessoa e por dia	135 000 taka
8.	Transporte				Tk 10000.
9.	No total				Tk 988829.

[2]O custo de um novo edifício RC não projetado resistente aos sismos com uma área de 100,29 metros é de Tk. 988829 ou US$ 12400. O custo unitário por metro quadrado de uma casa nova é de Tk 9860 ou US$ 125.

7.12. Comparação de custos

A *Fig. 7.16* apresenta uma comparação de custos entre casas RC existentes, reforçadas e novas, resistentes a sismos e sem engenharia. *7.16.*

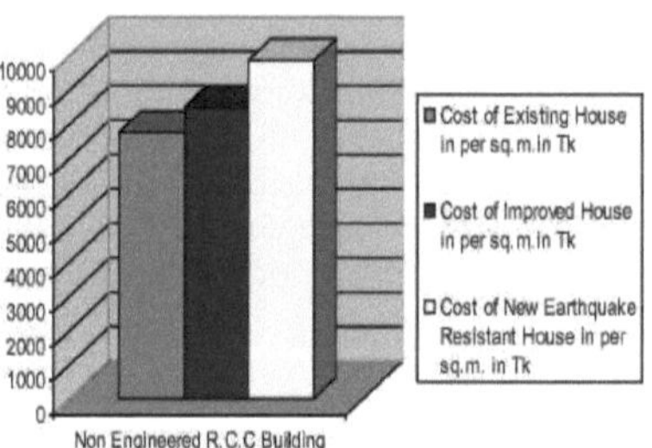

Figura 7.16: Comparação de custos

A figura acima mostra que a reabilitação sísmica de edifícios rurais com coberturas de betão, já existentes e sujeitos a sismos, requer apenas **10-12% dos** custos de construção de um edifício existente com cobertura de betão. Por outro lado, a construção de um novo edifício sismo-resistente com um telhado de betão requer cerca de **25%** dos custos de construção de um edifício RC.

7.13. Avaliação da vulnerabilidade sísmica

A agitação provocada pelos recentes sismos levou a uma grande procura de avaliação da vulnerabilidade sísmica de edifícios privados nas zonas rurais do Bangladesh. Em muitos casos, são elaborados relatórios inexatos e sugeridas medidas corretivas triviais por profissionais não qualificados. A avaliação sísmica exige um nível relativamente elevado de conhecimentos de engenharia.

A aplicação de um método prático de avaliação da vulnerabilidade sísmica é muito importante quando se trata do enorme parque imobiliário existente. Alguns dos métodos propostos para o rastreio, a avaliação preliminar

As descrições das etapas de estimativa e as estimativas pormenorizadas podem ser encontradas na literatura. No entanto, todos estes métodos foram desenvolvidos tendo em conta os tipos de edifícios comuns, as práticas gerais de projeto e construção, os materiais locais, os documentos legais, etc., do país onde foram propostos. Não obstante, continua a ser desejável formular um procedimento normalizado de avaliação sísmica baseado nas condições locais através de um consenso de peritos locais. Do mesmo modo, é necessário desenvolver métodos práticos e viáveis de reforço sísmico com base nas condições locais.

7.14. Educar o público sobre os sismos

A sensibilização do público é uma das componentes mais importantes da preparação para os sismos e, por conseguinte, um fator muito eficaz para fazer face a este tipo de catástrofe. Trata-se de um esforço a longo prazo que requer perseverança, consistência e paciência. Para o efeito, devem ser utilizadas todas as formas e meios possíveis. No entanto, os meios de comunicação social são provavelmente o meio mais eficaz para transmitir algumas mensagens muito importantes ao público, tais como:
- Um terramoto é um acontecimento natural ao qual se pode sobreviver tomando as medidas adequadas;
- As vossas casas podem ser tornadas à prova de sismos e os custos não são muito elevados;
- No entanto, o custo de uma falha que pode resultar na sua morte ou na dos seus filhos é incomparavelmente mais elevado.

As comunidades são responsáveis pelas catástrofes sísmicas...

*Andies, devem saber que **não são os sismos** que **matam as pessoas, mas sim as casas de risco construídas pelo homem.** O Bangladesh encontra-se numa encruzilhada no que se refere à preparação para sismos, uma vez que somos constantemente recordados dos sismos moderados que nos atingem. O país tem apenas duas opções - preparar-se **agora** ou **pagar mais tarde.** Para o Bangladesh, um país com uma economia relativamente fraca e uma população muito densa, a segunda opção sairá muito cara. (Contribuição de **C. V. R. Murthy**)*

<h1 style="text-align:center">Capítulo 8
Conclusões e recomendações</h1>

8.1 Conclusão

Do levantamento físico e do estudo analítico da estrutura habitacional existente e dos dados relativos à população da área de estudo podem ser retiradas as seguintes conclusões

- O levantamento físico da estrutura habitacional nas áreas de estudo mostra que cerca de **13% da** população total vive em edifícios não projectados, **19%** em casas de alvenaria não projectadas, **36%** em casas de bambu e **32%** em casas de barro não projectadas. Pode, portanto, concluir-se que mais de **60% da** população total nestas áreas vive em casas sujeitas a terramotos.
- Todas as casas são construídas com materiais de construção locais e utilizando técnicas de construção locais sem qualquer planeamento técnico, uma vez que o conhecimento do risco sísmico é insuficiente.
- Neste livro, os defeitos de construção de todos os tipos de casas existentes são apresentados e descritos em pormenor. Para uma melhor compreensão por parte do público em geral, são estimados os custos de construção para todos os tipos de casas.
- Com base nos materiais de construção disponíveis localmente e nas tecnologias de construção, os métodos de reforço sísmico para todos os tipos de casas existentes são formulados com a ajuda da ciência da engenharia para tornar as casas rurais resistentes aos sismos. O custo do reforço sísmico também será estimado.
- As tecnologias de construção existentes para cada categoria de casas rurais no Bangladesh serão revistas para desenvolver uma nova tecnologia de construção resistente aos sismos, serão formuladas novas técnicas e será estimado o custo de construção da tecnologia melhorada.
- O livro contém recomendações para a conceção e construção sismo-resistente de qualquer tipo de habitação rural que podem ser úteis para aplicação prática por proprietários ou projectistas de edifícios.
- Os edifícios não planeados não passam normalmente pelo processo de aprovação de construção e são comuns nas zonas rurais do Bangladesh. As empresas de engenharia locais ao nível da upazilla devem ser autorizadas a efetuar este processo de aprovação em conformidade com as orientações pertinentes.

8.2 Recomendação

Com base nos resultados do exame físico e do estudo analítico, podem ser feitas as seguintes recomendações:

- De um modo geral, os países devem investir na prevenção de catástrofes e em medidas de atenuação para evitar a necessidade de reconstruir o parque habitacional após as catástrofes.
- O planeamento da utilização dos terrenos, códigos de construção claros para casas rurais e técnicas/normas de construção adequadas devem ser desenvolvidos antes de uma catástrofe. Deve ser tido em conta o facto de que a incorporação de componentes de atenuação estrutural em novas estruturas durante as fases de planeamento, conceção e construção é menos dispendiosa do que a adaptação das estruturas existentes.
- A maioria dos residentes não está totalmente consciente da vulnerabilidade física das suas casas aos terramotos. As autoridades governamentais devem tomar medidas imediatas para sensibilizar a população rural sobre o risco de terramotos e aumentar o

seu conhecimento sobre a estrutura habitacional existente nas zonas rurais do Bangladesh. Os projectos de demonstração com participação em massa são a melhor maneira de sensibilizar as populações rurais.
- Tendo em conta as deficiências estruturais sísmicas das casas rurais na área de estudo, que se situa numa zona sismicamente ativa do Bangladesh, é necessário reforçar as casas existentes com materiais de construção locais, utilizando as técnicas de reforço propostas.
- É necessário introduzir programas de formação obrigatórios para os trabalhadores da construção civil nas zonas rurais do Bangladesh que apresentem projectos práticos utilizando materiais locais.
- As pessoas devem estar conscientes dos factores ambientais, como os sismos e o vento, que afectam as casas onde vivem.
- Os regulamentos de construção devem ser regularmente actualizados e traduzidos para as línguas nacionais com exemplos suficientes.
- Deve ser criada uma base de dados internacional na Internet de soluções técnicas utilizadas em diferentes países para reduzir a vulnerabilidade ambiental dessas casas nas zonas rurais.
- Os meios de comunicação social, como os jornais, o Facebook, as brochuras, as faixas, os cartazes, etc., podem ser utilizados para sensibilizar para a construção de casas resistentes aos sismos no Bangladesh, que não é projectada.

Literatura

1. **Diretrizes para a construção não projectada resistente a sismos,** "Conceito básico de normas sísmicas", Volume 1, Parte 2, Associação Internacional de Engenharia Sísmica, IAEE, Japão, 2004.
2. Dinesh Bhudia Patel, Devraj Bhandery Patel e Khimji Pindoria, **Guidelines for repair and strengthening of earthquake damaged low-rise residential buildings in** Gujrat, India, uma publicação da Gujrat Relief Engineering Advisory Team (GREAT), junho de 2001.
3. Sheela K. de Vries, **Bamboo construction technology for housing in Bangladesh,** International Bamboo and Rattan Network, Beijing, China, fevereiro de 2002.
4. Dr. K. Iftekhar Ahmed, **Guidelines for Housing Design and Construction for Flood-prone Rural Areas of Bangladesh,** Universidade BRAC e Asian Disaster Preparedness Centre, Tailândia, janeiro de 2005.
5. Sreemathi Iyer, **Um guia para a construção de alvenaria de bambu na**

   Zonas sísmicas na Índia, maio de 2002.

6. IITK- **BAMPTC Earthquake tip-14** e 15, IITK, Índia.
7. **Código Nacional de Construção do Bangladesh** (BNBC), 1993.
8. Salek M Seraj, Robert L Hodgson e K Iftekhar Ahmed, **Village Infrastructure to Address Environmental Challenges,** Bangladesh e Reino Unido, novembro de 2000.
9. **Pahartoli Union Parishad,** Raozan Upazilla, Chittagong, Bangladesh.

10. **Gorbazail,** Muktagacha Upazilla, Mymensingh, Bangladesh.

11. Asraful Alam, **Rural houses at risk of earthquake in Bangladesh,** Dissertação, Departamento de Engenharia Civil, CUET, Bangladesh, 2006.
12. Rebekah Ahsan e Firoza Akhter, **Handbook of Earthquake Engineering (Manual de Engenharia Sísmica)**

    Construção de edifícios não técnicos nas zonas rurais do Bangladesh,

    Tese de licenciatura, Faculdade de Engenharia Civil, CUET, Bangladesh, 2007.
13. A S Arya, Teddy Boen e Y. Ishiyama, **Handbook of Earthquake Engineering (Manual de Engenharia Sísmica)**

    Construção não técnica, relatório da UNESCO, junho de 2013.

14. Amrita Das, Mohammad Shariful Islam, Dr. Md Jahangir Alam e Nusrat Hoque **Housing Report - Mud House Bangladesh -** Encyclopaedia of Housing in Seismically Active Areas of the World, Relatório n.º 143, 2007.
15. C.V.R.Murthy, **Preparing for Earthqukaes: Where India Stands,** Vol.3 No.3 Diretions, The Newsletter of IIT, Kampur, maio de 2000.

APÊNDICE

Abreviaturas

B. H.	Casa de bambu
C. C.	Cimento Betão
Lista A.I.	Chapa ondulada de ferro
Folha G.I.	Chapa de ferro galvanizado
M. H.	Casa de pedra
Md. H.	Casa de lama
Edifício não técnico em estrutura metálica	Edifício de betão armado não reforçado
RC	Betão armado
metros quadrados.	Metro quadrado
BDTk	Bangladesh Taka
USD	dólar americano

I want morebooks!

Buy your books fast and straightforward online - at one of world's fastest growing online book stores! Environmentally sound due to Print-on-Demand technologies.

Buy your books online at
www.morebooks.shop

Compre os seus livros mais rápido e diretamente na internet, em uma das livrarias on-line com o maior crescimento no mundo! Produção que protege o meio ambiente através das tecnologias de impressão sob demanda.

Compre os seus livros on-line em
www.morebooks.shop

FSC
www.fsc.org
MIX
Papier aus verantwortungsvollen Quellen
Paper from responsible sources
FSC® C105338